学会一种本领

忘记伤痛，追逐美好

武永梅 著

中国财富出版社

图书在版编目（CIP）数据

学会一种本领：忘记伤痛，追逐美好／武永梅著.—北京：中国财富出版社，2018.12

ISBN 978－7－5047－6753－0

Ⅰ.①学…　Ⅱ.①武…　Ⅲ.①成功心理—通俗读物　Ⅳ.①B848.4－49

中国版本图书馆 CIP 数据核字（2018）第 198407 号

策划编辑 谢晓绚		**责任编辑** 张冬梅　王　君		
责任印制 梁　凡		**责任校对** 孙会香　张营营		**责任发行** 董　倩

出版发行	中国财富出版社	
社　　址	北京市丰台区南四环西路 188 号 5 区 20 楼	**邮政编码**　100070
电　　话	010－52227588 转 2048/2028（发行部）	010－52227588 转 321（总编室）
	010－68589540（读者服务部）	010－52227588 转 305（质检部）
网　　址	http://www.cfpress.com.cn	
经　　销	新华书店	
印　　刷	北京京都六环印刷厂	
书　　号	ISBN 978－7－5047－6753－0/B·0545	
开　　本	710mm×1000mm　1/16	**版　　次**　2018 年 12 月第 1 版
印　　张	11.25	**印　　次**　2018 年 12 月第 1 次印刷
字　　数	144 千字	**定　　价**　45.00 元

前　言

　　人们都说三十而立、四十不惑、五十知天命，本书第一章写的正如人的二十岁，之后的各章对应人的三十岁、四十岁、五十岁、六十岁……

　　我们在父母的呵护下慢慢长大，步入社会以后，发现生活是一个神奇的冒险游戏。很多时候，我们会发现，别人的人生或者自己的过去好似一首诗歌。我们在实际的生活中需要很多智慧，不能因生活带给自己的苦涩和不公正而迷失自我，要学会正确面对困境、积极生活，要拥有好的心态。四十岁以后，我们慢慢发现，无论自己拥有多少财富都不如拥有一个好的心态，拥有积极向上的人生态度很重要。每当我们忘我地去做一件事的时候，收获的不止是物质财富，可能会遇到更多意想不到的惊喜。有一天，当我们要离开这个世界时，就算真有亿万现金摆在自己面前，也没有当我们闭眼的那一刻回味人生感到无憾更令我们知足。

　　有人说，活着就是奇迹。我们只要活着，就是幸福的！这世间的一切，本无所谓有，无所谓无，无所谓真，无所谓假。生命只有一次，我们应该学会把握、懂得珍惜。

生命不是苦中酿蜜、烦中取乐，不能雾里看花、游戏生命；生命是由铁到钢的锻造过程。

生命如夜空烟火，短暂却美好。我们在珍惜生命的过程中，会更明白，抱着一颗平常心去看待生命、珍惜生命，生命会更加美妙。

生命需要用真心演绎，需要尽全力走好每一步，需要用心呵护。每朵花都有其独特的色彩，每颗星都有其璀璨的光芒，每缕清风都会送来凉爽，每滴甘露都会滋润原野，每个生命都会留下不朽的诗篇。

生命是一段旅程，如果能乘兴而行，那么不管路途多么遥远，我们都是幸福的。

人生是短暂的，也是苦涩的，生命易逝也有遗憾；我们能健康、自在、安乐地活着，就没有理由不去善待生命、热爱生活。我们要过好每一天！

忘记伤痛、追逐美好是一种心态，有了这种心态，我们的人生会更加精彩。

武永梅

2018 年 8 月 21 日

目 录

第一章
最是人间四月天之如诗青春

要成就大事业就要趁青年时代。

——歌德

在年轻人的颈项上，没有什么东西比事业心这颗灿烂的宝珠更迷人了。

——爱默生

趁年轻少壮去探求知识吧，它将弥补由于年老而带来的亏损。智慧乃是老年的精神养料，所以年轻时应该努力，这样，年轻时才不致空虚。

——达·芬奇

1 20 岁那年，我选择以梦为马

如果把人生比作一场旅行，那么 20 岁仅仅是旅行的开端。20 岁的生命，正美好；20 岁的我们，在人生路上踏出了一行浅浅的足迹。20 岁的我们将要走向哪里？有太多的问题摆在 20 岁的我们面前。我们的心中存有梦想，如果我们的目标就在前方，那么我们的生命必将绚烂，我们的人生必将精彩。人有梦想才有动力，才会充实，才可能有成就。

西方关于圣诞节的歌曲《铃儿响叮当》的作者皮尔彭特出生于 19 世纪的美国，从年轻的时候起，他就满怀理想，想要身体力行地改变美国当时的教育制度。为此，他发奋读书，成功地考取了耶鲁大学，如愿以偿地做了一名教师。他做得非常成功，总是在精神上感化学生。但这为当时的教育部门所不容，无奈之下，他黯然离开了教师这个工作岗位。但他并没有因此而消沉，之后他转学法律，成了一名律师。他总是愿意为一些穷苦人辩护，而拒绝为富有者和作恶的人打官司。他因为与当时的法律部门意见不合，而被驱逐出了律师行业。之后他做过商人，做过牧师，但都因为自己的正义和善良而被社会所不容，最后被迫辞职。

在他的生命历程中，失败接踵而至，但他的名字为全世界的人们所熟知，人们因为《铃儿响叮当》这首歌记住了他，也了解了他。他在短暂的生命中从没有因为不被承认而放弃过努力，也没有放弃过心中的梦想，或许正因为如此，他的心中才能飞出这么美妙的歌声。

是的，那是梦想的声音，是希望的声音。这首歌表达的是欢快的情绪，是梦想者的生命宣言。因此，穿越了漫长的岁月，这首歌曲依然在洗涤着人们的心灵，告诉人们要胸怀梦想、勇往直前。

也许 20 岁的我们只是普通人，但是，只要拥有梦想，就会有前行的动力和勇气。人生如此短暂，年轻的我们，赶快构筑自己的梦想吧。

梦想不怕渺小，只怕被遗忘。也许我们的梦想只是去西藏旅行一次，或者是去看尼亚加拉大瀑布，或者是读完十部世界名著，或者是录一首自己唱的歌……如果这些小小的梦想在我们的心底发芽生长，最后将会开花结果。记住，有梦想，才会有收获。

巴尔扎克年轻时的理想是当一名伟大的作家，为此，他不懈地写作，凭借天赋和信仰，最后成了伟大的作家。

请记住，当迷茫的我们怀疑自己是否真有梦想时，不妨倾听一下自己内心的声音吧！梦想应该是我们灵魂深处的最强音，在我们的胸腔里充满激情地呐喊，让我们有不可不为的冲动；梦想应该让我们充满快乐和自信，也让我们体会到世界的美好和天地的广阔；梦想应该是无声的诉求，如巧克力般在苦涩中带着香甜的味道。拥有梦想，人生才会美好！

被誉为"浪漫骑士"的中国当代著名作家王小波曾在他的散文《工作与人生》中诚恳地对年轻人提出忠告："年轻的时候，一个人最重要的就是确定自己的一生要干什么，这是最重要的。"王小波在 20 多岁时就确定了自己的人生追求——写作。他践行着自己的追求与梦想，他是"沉默的大多数"之一，但他是中国当代"特立独行"的人。他的文学作品中闪耀着智慧的光芒，他明确自己是为写作而生的，因此而找到了人生的航向。

20 岁的我们要进行抉择，思考适合自己的人生航向在哪里，明白什么是适合自己的。法国作家贝尔纳曾参加过报纸上的一次有奖竞猜。报纸上的问题是："如果一个画廊失火了，你只有一个机会选择一幅画，你会选择哪一幅？"在报社收到的成千上万个答案中，贝尔纳的回答被认为是最佳答案，他赢得了该题的奖金。他的回答是："我选择离出口最近的那幅画。"是的，目标不应该是最大、最远的那个，而应该是最有可能成功的那个。你的人生要驶向何方？20 岁的我们能找到自己的最佳航向吗？

步入 20 岁，我们经历着风雨，沐浴着阳光；走进 20 岁，我们憧憬着未来，奋发图强。20 岁的我们正年轻，我们的人生充满了挑战，我们要为梦想高歌，为自己年轻的生命喝彩。

2 贴出梦想，远眺未来

在这个人才辈出的时代，我们用青春写下诗歌，我们让梦想张开翅膀。我们选择了高山，就要去奋力攀登；我们选择了大海，就要去乘风破浪。我们选择为梦想前行，就要乐观，要做梦想路上的歌者。

汪国真有一句诗："既然选择了远方，便只顾风雨兼程。"我们应当明白这句话的含义。前进的路上不可能一帆风顺，风雨难免袭来。我们应该明白，唯有经历过风雨，付出了辛勤的劳动，才能到达梦想的远方。勇于并且不断地去超越自己才是对生命、对梦想的最好诠释。我们应当明白，生命中的每一天都是一个崭新的起点，我们可以在起点上为梦想高呼，我们要不懈追求，要不断地超越昨日的自己，这样才能丰富我们的生活，并实现我们的梦想。

当我们因为一两次失败而伤心难过时，我们不妨试着在坚持中歌唱。试想，谁不曾失败过？我们要高歌梦想。清代诗人郑板桥说得好："咬定青山不放松，立根原在破岩中。千磨万击还坚劲，任尔东西南北风。"一个"咬"字，道出了创造奇迹的奥秘。原来，成功实现梦想依靠的是执着的信念和坚定的意志。

当我们在实现梦想的过程中感到迷惘时，我们可以试着把梦想写在纸上并贴出来，从小目标到大目标，我们每天观看，每天朝着目标前进。

著名成功学专家陈安之先生 12 岁时便随亲戚到美国，他边工作边读书。他曾经做过 18 种工作，卖过菜刀，卖过汽车，当过餐厅服务员……20 岁时，他的存款还是零。一次，他去看车展时，一辆奔驰汽车令他激动不已，他站在汽车旁边，让太太给他拍一张照片，后来他把这张照片钉到了墙上。之后他去经商，最后取得了成功。当他的助理向他讨教成功的经验时，他告诉助理："你想要成功的话，就给自己做个'梦想板'。"说着，他从一个纸袋里拿出了那张自己和奔驰汽车的合影，上面还留有被钉时的小孔。他接着说："以前一直觉得它太贵了，都不敢想象自己能拥有它，我把它钉在'梦想板'上天天看，后来梦想终于实现了。"

陈安之说："我们可以把梦想一个一个贴出来，实现一个，就把它收起来放在抽屉里，从小梦想到大梦想，最后基本都会实现。"

尽管有时候梦想看起来是虚幻的，但是也可能是可以实现的。贴出你的梦想吧，清晨醒来第一眼就看到自己的梦想，这会促使你不虚度岁月，专心向前。贴出你的梦想吧，无论是短期的，还是长期的，只要不懈努力，即使你普通而又平凡，你的生命也将因此而变得更加充实、更加富有诗意。

在实现梦想的过程中，我们应当拥有一颗为实现梦想而远眺的心。或许，我们曾摔倒在追求梦想的跑道上，看不清旖旎的风景，但是我们要勇敢地擦干脸上的泪水，站起来做一个全新的自己。即使我们比别人慢了半拍，我们依然要相信自己，因为我们拥有为实现梦想而远眺的心。心有多大，舞台就会有多大。

荀子说："吾尝跂而望矣，不如登高之博见也。"改变我们短浅的目光吧，我们要登高望远，为实现梦想而远眺。拥有一颗远眺的心，在实现梦想的路途中，我们就不会喊苦和累，我们会勇敢地前进着，并在实现梦想的过程中吟唱出属于自己的歌声。

我们拥有梦想，为实现梦想而高歌，这多么美好。我们要为了实现梦想，不惧风雨，一路高歌，一路向前。年轻的生命唱出的是生命的最强音，是不向现实妥协的歌声，这歌声让我们斗志昂扬，带领我们达到梦想的终点。

3 与其蹉跎岁月，不如大胆尝试

人，自知手的力量有限，所以发明了老虎钳；知道拳头的打击力有限，所以发明了榔头。

铁丝网是一个牧羊人发明的。他本来将光滑的铁丝围成篱笆来管理羊群，后来他发现，有些羊能从篱笆缝里钻出去，于是他就把铁丝剪成段，在接头处做出刺来。这样做效果显著。

螺丝钉是一项重要的发明，但是当螺丝钉第一次出现的时候，螺丝帽上面没有那一道"沟"。后来为了方便旋转，有人特意加上了这道"沟"。再后来，有人进一步发明了电动旋转器，用来节省旋转螺丝钉所消耗的时间。这是越来越完善的过程。

今天的世界比100年前进步了很多，只要人类不停地、积极地去尝试，世界就一定还能继续进步，将来的世界就会比现在更好。试想，如果100年前的人类骄傲自满、停止尝试，怎么会有今天的文明呢？

在这个世界上，人拥有无限的创造力，也拥有无限的创造才能。这些创造都始于尝试。因为经历了无数次的尝试，人类才有了今天这么多的辉煌成果。所以只要我们拿出勇气去尝试，就能不断发现新的领域，创造新的奇迹。不要被已有的新奇现象迷惑，也不要被日常工作催眠，要时常在工作和生活中提醒自己：我还能发现什么奥秘？就是因为有这一念头，我们才不会继续推独轮车，不会继续点菜油灯。

当我们决定去做一件事时，一定要放弃踌躇。与其蹉跎岁月，还不如大胆地拿出勇气去尝试。

美国探险家约翰·戈达德15岁的时候，只是洛杉矶郊区一个没见过世面的孩子，他把自己一辈子想干的大事列了一个表，并把该表命名为"一生的志愿"。表上列着，到尼罗河、亚马孙河和刚果河探险，登上珠穆朗玛峰、乞力马扎罗山和麦特荷恩山，驾驭大象、骆驼、鸵鸟和野马……他把每一项都编了号，一共有127个目标。

当戈达德把梦想庄严地写在纸上之后，他就开始抓紧一切时间来实现它们。16岁那年，他和父亲到乔治亚州的奥克费诺基大沼泽和佛罗里达州的埃弗格莱兹探险，这是他首次完成表上的项目。之后，他还学会了只戴面罩、不穿潜水服到深水里潜泳，20 岁时他已经在加勒比海、爱琴海和红海里潜过水了。他还学会了开拖拉机。他成了一名空军驾驶员，在欧洲上空完成了 33 次战斗飞行。21 岁时他已经到 21 个国家旅行过。刚满 22 岁，他就在危地马拉的丛林深处发现了一座玛雅文化的古庙；同一年，他成为"洛杉矶探险家俱乐部"有史以来最年轻的成员。接着他筹备实现自己宏伟的头号目标——探索尼罗河。26 岁那年，他和另外两名探险伙伴来到布隆迪山脉的尼罗河之源。尼罗河探险之后，戈达德开始接连不断地加速完成他的目标：1954 年他乘皮筏漂流了整个科罗拉多河；1956 年他探查了长达 2700 英里（1 英里 ≈ 1.61 千米）的刚果河；他在南美洲的荒原、婆罗洲和新几内亚岛与当地居民一起生活过；他爬上了阿拉拉特山和乞力马扎罗山；驾驶超音速两倍的喷气式战斗机飞行；写了一本书——《乘皮艇下尼罗河》；担任专职人类学学者之后，他萌发了拍电影和当演说家的念头，在之后的几年时间里，他通过拍电影和讲演为下一步的探险筹措了资金。

将近 60 岁时，戈达德依然显得年轻有活力，他不仅是一位经历过无数次探险和远征的老手，还是电影制片人、作家和演说家。他获得了一个探险家能享有的许多荣誉，其中包括成为英国皇家地理协会的会员和纽约探险家俱乐部的成员。他还受到过许多各界著名人士的亲切会见。

戈达德在实现自己目标的征途中，有过 18 次死里逃生的经历。他说："这些经历让我学会了百倍地珍惜时间，凡是能做的我都想尝试。"

他指出，几乎每个人都有自己的目标和梦想，但并不是每个人都会努力去实现它们。检查一下自己的生活，并向自己提出这样一个问题："假如我只能再活 1 年，那我准备做些什么?"我们都有想要实现的愿望，那就别延宕，就从现在开始吧!

　　戈达德的故事再次验证了一句谚语："敢于尝试是成功的第一步。"虽然，尝试并不等于成功在握，但是不敢尝试或不去尝试必然预示着成功无望。因为任何成功的第一步往往都踏在试试看的跳板上。其实，现实生活中的许多障碍都是我们自己在无形中设置的。

　　面对一条小河，我们不敢过，因为我们猜想它深不可测；在演讲会上，我们不敢慷慨陈述，因为我们认为自己口拙舌钝；当别人处于危险时刻时，我们想伸出援助之手，又因不知对方是否真正需要自己的帮助而犹豫；遇到机会时，我们被眼前的困难阻碍而让机会流失……

　　试试看，或许小河只没过我们的膝盖；试试看，可能一举成为出色的演讲家；试试看，我们的帮助对他人而言或许是雪中送炭；试试看，抓住机遇我们可能成就一番大事业；试试看，我们或许会感到些许安慰，因为我们的生活中再也没有遗憾、没有后悔了。最终我们会因此而正视自己、重塑自我！

　　不同的人生态度，会有不同的人生色彩；不同的人生选择，会有不同的人生道路。拿出勇气去尝试，会让我们离成功更近一步。

4 没有准备也是一种准备

　　佛经里有这样一个故事，有两个和尚，一穷一富，他们都想去南海朝圣。富和尚很早就开始存钱，穷和尚却仅带着一个钵盂就上路了。1年以后，穷和尚从南海回来了，而富和尚的准备工作还没完成。富和尚问穷和尚："你是如何去南海的？"穷和尚回答道："我不去南海，就心里难受。我每走一步，就觉得距离南海近一点儿了，心里就生出一份安宁。你个性稳重，不做没有准备的事情，所以我回来了，你还没有出发。"

这个故事告诉我们，十拿九稳的事情，可能是回报最少的事情。不要等到万事俱备才行动——你觉得没把握，别人一样觉得没把握。然而，你做了，就有成功的可能；不做，就永远只能看着别人成功。20 岁的我们可以梦想一些看起来不可能实现的事情，其实成功的可能性或许没有那么小。

在美国的老一代企业家中，安德鲁·梅隆是一个"热衷于机会"的人，他"只做没把握的事"。梅隆曾经营过银行、石油、钢铁等不同行业的公司，其中有两件事令人们印象深刻。

1889 年的一天，三位陌生的青年人站在梅隆的面前，问梅隆是否愿意替他们偿还银行的一笔欠款，他们手里拿着一块银蜡色的金属，告诉梅隆那是铝，并且声称他们找到了一种可行的电解生产法，只是没有资本，所以他们到处寻找资助人。梅隆凭借自己敏锐的眼光，认为这项事业有很大的发展潜能。于是他立即答应帮助他们还清债务，并资助他们成立了匹兹堡电解铝公司。果然，仅仅过了不到 3 年的时间，这家公司就控制了北美洲的铝生产业务。

另外一件事情发生在 1895 年，曾与爱迪生共事多年的发明家爱德华·艾奇逊找到了梅隆，手里拿着一块闪光的"金刚砂"，由于资金不足，向梅隆请求资助。梅隆凭借直觉预感到这一发明有很好的商业前景，就答应了艾奇逊的请求，后来艾奇逊的公司同样得到了迅速发展。

我们每个人来到世上，无不期盼生命灿烂如星河，光彩熠熠。想要实现这一梦想，我们就要反思走过的人生之路，规划未来的人生之路。做没把握的事，意味着冒险。冒险就是拒绝中庸、拒绝稳妥。勇于冒险能开创出一片新的天地。没有冒险，何来生命中的大喜悦、大收获？如果我们选择做没把握的事，首要的是坚守信念，坚定自己的选择。同时，我们要理智地分析问题，大胆地质疑问题，并确定如何做。做没把握的事，不意味着盲目做事；相反，这是我们审时度势之后的理智选择，因此我们要对自己和自己所做的事情负责。

20岁的我们应当谨记，一切都准备妥当的时候，机会可能已经流失了。有时在没把握的时候率先出手，成功的概率反而要大很多。同时，我们要有"只问耕耘，不问收获"的精神。既然我们已经上路了，那就不要考虑有没有后路可退。你经过了春的播种、夏的耕耘，难道还害怕没有秋的收获吗？

做没把握的事，就是抓住万分之一的机会去争取实现梦想、获得成功。美国丹维尔的百货业巨子约翰·甘布士曾谈过他的经历。有一次，丹维尔经济萧条，许多工厂和商店都倒闭了，被迫廉价抛售堆积如山的百货，价格低到1美元可以买100双袜子。

那时，约翰只是一家织造厂的小技师。他马上把自己的积蓄用于收购低价货物。人们觉得他傻，都嘲笑他。然而约翰不为所动，依然收购被抛售的货物，并租了一个很大的货仓来存货。他妻子劝他不要这么做，因为这样做可能使多年的积蓄毁于一旦。约翰笑一笑说："3个月后我们就可以依靠这些廉价货物发大财了。"10多天过去了，有些工厂的货物因找不到买主最后只能被烧掉，以稳定市场物价。终于，美国政府采取了紧急行动，稳定了丹维尔的物价，并且大力支持那里的厂商复兴。当时，丹维尔由于市场上缺货，物价一天天上涨。约翰马上把积存的货物销售出去，大赚了一笔。后来约翰成了美国的商业巨子之一。

正是因为抓住了万分之一的机会，约翰才得以成功。那些没有把握的事情，对20岁的我们更应该具有强大的吸引力。试想，人们如果永远千篇一律，不推陈出新，只是按部就班、稳重拘谨，怎么可能成功呢？

20 岁时，我们要在实现梦想的过程中，勇敢地做些没把握的事，不管能否成功，努力尝试的经历都会成为人生的财富。当然，做没把握的事时要注意两点：第一，目光要长远，鼠目寸光、忽略整片森林是行不通的；第二，要锲而不舍、持之以恒，拥有百折不挠的毅力，才会成功。

20 岁时，我们一起行动，勇于做一些没把握的事，这是我们的明智选择。

5 幸运的事是尽早找到方向

歌德说："谁要游戏人间，他就会一事无成；谁不能主宰自己，他就永远是一个奴隶。"主宰自己的命运，从事自己喜爱的工作，才可能挖掘自己的潜能，才可能获得成功。很多研究都表明，从事自己喜爱的工作的人，能最大限度地挖掘自己的潜能，行动也更为迅速，并更容易成功。我们愿意在自己喜欢的事业中投入巨大的热情，为自己的事业努力拼搏、加班加点、不辞辛劳。

诺贝尔文学奖的获得者、魔幻现实主义代表作家马尔克斯，在很小的时候就喜欢在外祖父家听一些怪诞离奇的民间故事和传说，而外祖父家也同马孔多小镇的命运一样，经历繁华后走向了衰败。这一切都深深地刺激和影响着马尔克斯，影响到了他后来的创作。在其代表作《百年孤独》里，我们能看到马尔克斯的很多童年生活的印记。这本书奠定了他在世界文坛上的杰出地位。

国际知名导演斯皮尔伯格小时候就常常自导自演"电影"，让父母当"电影"的主角。有一次，他为了制造"电影"中的爆炸效果，差点儿炸毁厨房。后来，他完成了《拯救大兵瑞恩》等重要作品，成了享誉世界的大导演。

他们的成功都在于他们依据自己的兴趣选对了职业，因而他们乐于发挥他们的精力和热情，并最终取得了成就。

许多职业专家认为，一个人一生中至少要经历两三次转变，才能最终找到适合自己的事业，而确定自己的合理目标，同样需要较长的一段时间。

有时，经过努力仍无法实现的事，是不值得我们去追求的。在这个世界上，经过了解以及不懈追求仍然无法得到的东西，对我们来说可能毫无益处。

日复一日，年复一年，你永远要有目标——属于我们自己的目标，而不是别人强加在我们身上的目标。否则，我们的努力可能对我们没有好处。我们应深入内心，看清自己要实现的目标是什么。

设立的目标往往需要在实践中不断完善。对有把握的事，进行仔细分析；对还没有把握的事，先实践，再不断完善。

社会工作有千百万种，人的素质与才能千差万别，任何人都不可能什么都会。每个人都必须确立自己的优势目标。在确定自己的优势目标时，我们可以参考以下几点经验：

（1）要全面衡量。设立目标，是走向成功的重要起步，必须配合行动计划做充分的思考，要舍得花时间。目标是我们行动的指南，没有目标我们就可能走错路，做无用功，浪费宝贵的时间和生命。因此，无论如何，我们不能在设立目标时草率行事。

设立目标，要对自己的阅历、气质与社会环境条件等方面反复琢磨、论证、比较、推敲，一定要把它作为人生中重要的事情来做，切勿草率；否则容易事与愿违。

（2）中短期目标要有挑战性、可行性。心理学实验证明，太难或者太简单的事，都不容易激发人的兴趣和热情，只有具备一定挑战性的事，才会使人有冲动、有激情。

中短期目标是现实行动的指南，如果目标大大地低于自己的实际水平，自己不能充分发挥能力，那么，没有人愿意行动，即使勉强行动，也不会有很好的成绩。但是，如果事情的复杂程度远远超过了自己的能力，使自己难以企及，自己的努力不能在一段时间内显出成效，那么就会大大挫伤自己的积极性。

因此适度是关键，情况因人而异，个人经验、素质水平和现实环境是我们确定中短期目标的依据。

（3）中短期目标要有明确性、限时性。中短期目标，或者三五年，或者一两年，有的甚至可以短至几个月。这种短期目标，如果不明确、不具体的话，那就等于没有任何目标。

只有具体、明确而有时限的目标才具有行动的指导与激励价值。我们强迫自己在一定的时限内完成任务，就会集中精力、挖掘潜能，调动自己和他人的积极性，为实现目标而奋斗。否则，我们整日只是懒懒散散地去做一些工作，将1个月能完成的事拖到2个月后完成，或者想的只是完成就行，花费多长时间无所谓，那么我们永远谈不上成功。

（4）目标需要做必要的调整。不管是长远目标，还是中短期目标，我们设定它们，是为了指导自己走向成功。所以，如果我们设立的目标已经不太符合实际情况，就必须迅速做出调整和修改，千万不能将自己设定的目标作为一成不变的教条，以僵化保守的心态对待。

因此，每年至少要做一次检查校正，对我们制订的各种目标做出必要的调整与修改。

　　情况总是在不断地变化着，当时设立的目标是在当时的条件下形成的，如果条件变了，我们就不能固守在原来的目标上。如果我们始终僵化保守，就很难发挥潜能，很难走向成功。

　　（5）在实践中完善目标。目标的设立也是对未来的设计，其中一定有许多我们难以把握的因素，如果我们不勇敢地去试验、实践，就很难知道目标是否正确。

　　我们要学会如何设定自己的目标、自己的梦想和自己的愿望，学会如何保持志向并促其实现。就好像玩拼图游戏，若我们在人生中没有清楚的目标，就好像胡乱地拼凑生命之图。当我们知道了自己的目标后，便能在脑海里描绘出一幅图画，可以按图索骥，找到捷径。

　　我们要全心全意地做事。如果我们只是敷衍了事，就不会对事情的推进有任何帮助。我们最好坐下来，写下自己的目标和未来计划。

　　找一个我们觉得舒服的地方，不管是我们喜爱的书桌旁，还是角落里照得到阳光的椅子上，只要是能让我们心静的地方就行，然后花一两个小时好好计划一下自己的未来。做些什么？看些什么？说些什么？成为什么？相信这会是我们一生中最宝贵的时光。我们要去学习如何设定目标并预测结果，要画出一张人生旅程的地图，勾勒出自己前进的方向和路径。

　　有限的目标成就有限的人生，所以设定的目标要尽量宏大。唯有自己制定目标，才有望实现目标。

6 20岁，我们拒绝"啃老"

　　拒绝"啃老"，意味着要自立自强、独立自主，自己的事情自己做，自己的人生自己主宰。1 岁的时候，我们刚学习走路，跌跌撞撞，是母亲的双手搀扶着我们。2 岁的时候，我们学着自己吃饭，那将饭送到嘴边却无法放进嘴里的笨拙，让父母着急。3 岁时，我们在幼儿园里开始了学习生活，但是每天都由长辈接送。6 岁时，我们为加减乘除苦恼，没关系，父母帮我们请了家庭教师，有了教师的帮助，我们进步得很快。15 岁，我们进入了青春期，开始叛逆，处处与父母对着干，唠叨啰唆是我们对他们的评价，但是他们依然对我们嘘寒问暖，从不抱怨。20 岁时，我们早已是成年人了，但父母依然在照顾我们的饮食起居。父母能给予我们生命，但不能替我们生活。父母能告诉我们如何生活得更有意义，但我们的生活需要我们自己来过。父母能尽自己最大的努力给予我们美好的东西，但不能给予我们前程和事业……是的，父母能为我们做很多，因为父母爱我们；但是，我们要明白，即使父母愿意永远和我们在一起，也还是要由我们自己做出那些重要决定。更何况，父母不可能永远与我们在一起。"他们可能比我们先走一步。"我常常想起这句话，不管是在喧嚣的街上还是在寂静的夜里。其实，如果我们仔细品味这句话，那种强烈的孤独感和无力感都会让我们努力仰着头，害怕泪水掉下来。所以我们要做一株坚强的水藻，身姿优雅，始终朝着水面的阳光勇敢地生长。

20 岁的我们，要努力挣钱养活自己。我们一定要把工作做好，把工作做到连自己都十分欣赏的程度。因为这是我们通过自己的双手所做的努力，它代表我们的态度。

20 岁的我们，要坚持自己确信的东西。我们决不做盲从者，更不追求明明是错的东西。不管那些想法多么权威，我们也决不退让。我们要坚持自己认为正确的东西。没有人能随心所欲地支配我们，无论他有多么显赫的权势。

我们处在 20 岁的年华，在青春的当下，就算有再多的不情愿，我们也要勇敢地承担起自己的责任。我们不应再想着去依靠谁，也不应再固守着自己的小天地，我们要奋勇地奔向明天。

一位女孩，甜蜜地恋爱了。但是她不确定自己是否要嫁给他。她的母亲告诉她，让他给你买双鞋吧，从买鞋中可以看出他适不适合做你的新郎。于是两人去买鞋。平时滔滔不绝的她一声不吭，两人逛了大半天一无所获。后来，他们来到一家名牌鞋店。有两双白色皮鞋看上去不错，他知道她喜欢白色，于是柔声问她："你想要高跟的，还是平跟的?"她随口答道："我拿不定主意，你看哪双好呢?"他略加思索后，说："那就等你想好了再来吧!"几天后，他又认真地问她："想好买哪双了吗?"她依然回答说没有。"那就只好让我替你做主了!"她兴奋地等待了 3 天，终于等到了礼物，出现在眼前的两只鞋居然是一只高跟一只平跟! 她气得脸色发青，狠狠地咬着牙齿，嘭的一声关上房门，蒙在被子里号啕大哭起来。他不慌不忙地说："我想告诉我心爱的人，自己的事情要自己拿主意。否则，当别人为你做出错误的决定时，受害者就会是你自己!"随后，他从包里拿出另外两只一高一矮的鞋，说："以后你可以穿平跟鞋去看足球比赛，穿高跟鞋去看电影。"新郎叫费尔兰·基什内尔，2003 年当选为阿根廷总统，而女孩就是第一夫人克里斯蒂娜·费尔兰。2007 年 12 月 10 日，克里斯蒂娜从卸任阿根廷总统的丈夫手中接过象征总统权力的权杖，成为阿根廷历史上第一位民选女总统。自己的事情自己做主，自己的人生自己负责，人生才有辉煌的可能。就像克里斯蒂娜一样从买鞋中吸取教训吧。

卜生先生曾经说过："世界上最坚强的人就是独立的人。"父母随着我们的成长，会慢慢地老去，留下我们独自面对这个世界。人的本质是孤独的。在孤独的世界上，20 岁的我们可能会面对凛冽的寒风，可能会固执地做梦，不想醒来，但是醒来的那一天必须到来，因为 20 岁的我们，不能再"啃老"了。"啃老"，意味着依附和逃避。然而我们不是隐形人，我们是独立的个体。我们不可能依附在别人身上，让别人代替我们生存。因此，撇弃"啃老"的想法，面对世界吧，这个世界的美丽和残忍，都需要我们自己体会。即使是父母，即使是爱人，也不能代替我们。我们要做的是做自己，做最好的自己，勇敢地面对自己，拒绝依附他人。

7 做精神上的郝思嘉

现代国学名家陈寅恪被称为"教授中的教授"。1925 年秋天，清华国学研究院成立。1926 年 8 月，自德国回国的陈寅恪告别了长达 16 年的海外游学生涯，抵达清华园，清华国学研究院迎来"四大导师"的最后一位，时年陈寅恪仅 37 岁。仅 1 年后，王国维投昆明湖自尽。陈寅恪教授作为他的同事与好友撰写了碑铭，成就了学术史上不朽的《清华大学王观堂先生纪念碑铭》，碑文抒发思想自由之真谛。能独立思索，自由阐述自己的思想，不被权威和别人左右，这样的人才是完整的人。争取自由、寻求独立，应该成为 20 岁的我们的精神追求。我们要有对事情的明确的判断力，不依附势力和权威，要能自主地阐发自己的想法。

只有思想自由、精神独立，我们才能在行动上做到独立，践行自己的价值观，独立地行走在天地间。没有精神上的独立，就不会有行动上的独立，不可能内心强大地面对世界。拥有了思想和精神上的独立，才会不惧怕未来的人生。要知道，人生道阻且长，没有思想和精神上的准备，如果在人生路上遭遇风雨，就可能被击垮，更毋论屡败屡战。

思想自由、精神独立，我们才能分辨清浊、明白事理。我们应知晓，不敢承担风险，不去接受生活考验的人，只能是温室里的花朵，依附他人的呵护，经不起外界的压力。而没有压力的人生，是空洞和乏味的。

人在本质上是独立的个体，是自由的人。很多时候，我们需要自救。他人不可能永远帮助你，自己的人生路要靠自己去行走。

在精神上，我们要做好独立生活的准备，精神上做到不依附我们才能真正地去面对这个瞬息万变的社会，面对骤然而至的意外和各种各样的挫折与困难。还记得《飘》中的郝思嘉吗？她依赖过自己的父亲，依赖过白瑞德。最后，当她勇敢地站在战火硝烟中，面对着空旷的街道和即将生育的媚兰，驱车奔向回家的方向的时候，她在思想上真正独立起来了。她可以勇敢地面对世界，面对战争，面对可能的伤害以及不可避免的牺牲。所以，后来，她能用她勤劳的双手采摘棉花，独立地撑起了一个庞大的家。她成了媚兰和妹妹们的精神支柱。她自强不息地、倔强地面对着这个世界，感受着黑暗，也期盼着光明。她的身体里流淌着坚强的血液。面对被战火毁掉的家园，她坚强不屈，毫不畏惧；面对亲人的死亡，她擦干泪水，从头再来；她无情地诱骗妹妹的未婚夫，却凭此救了一家几口人；她甘愿放下大小姐的架子，带领全家下地干活；她不顾社会的谴责，独当一面经营木材厂。她独自承担着生活的艰辛，却遭众人非议。谁又能体会到她内心的苦涩？面对一切不公平，郝思嘉是首先站起来的人，她重复着"明天又将是新的一天"的信念，她以一种男人的方式接受了事实。是的，明天是另外的一天了。也许她不是一个完美的主人公，但是她那么真实，那么坚强。因为她在思想上独立了，所以她的形象才会无比高大。她独立地面对这个世界，在纷乱的年代里，坚持和固守着独立思想，这多么伟大！

每当遭遇了失败，在深夜里想要哭泣的时候，每当感觉自己坚持不下去了试图逃离的时候，想想郝思嘉吧。想想她新婚不久丈夫便过世，想想她勇敢地发怒咆哮，想想她倔强地反抗不公体制，想想她虽然遭到了拒绝却勇敢地对艾希利表白，想想她那采摘棉花的手……我们要做勇敢、独立的郝思嘉！眼泪在打转，却微笑地面对这个世界，告诉世界，我们不会被打败。

我们要像海明威笔下的老人一样，面对命运之海，勇敢地扬起风帆，乘风破浪。我们也许会遭遇失败，但不会被命运压垮。正如海明威所说："你尽可以消灭他，但就是打不败他。"年轻的我们，绝不做"垮掉的一代"，我们要争取做麦田里的守望者，心向光明，永远不被压垮，做精神上独立的强者。

8 我的青春我做主

青春是珍贵的，它是人生中美丽的花朵，但是不耐久藏，是转瞬即逝的；青春是饱满的，代表着时代的精神，展示着时代的性格，孕育着时代的希望。

青春对于每个人来说是公平的，每个人都拥有青春，但每个人的青春价值是不同的，每个人的青春亮度也是不一样的。有的人虽然拥有美丽的外表，但没有深厚的底蕴，使青春暗淡无光；有的人虽然拥有宝贵的青春，但未能创造应有的业绩，虚度年华，浪费时光，而使青春黯然失色。

20 多岁是人生的美好时光，20 岁的我们应让自己的青春怒放异彩，应让自己的青春更加鲜艳美丽。我们要珍惜青春时光，如饥似渴地汲取青春能量，要用青春的热情去温暖人间，用青春的力量去战胜困难与邪恶，用青春的智慧去营造崭新的世界。

美好的青春是短暂的，正因为其短暂，人们应该倍加珍惜。20 多岁的青春正如四季中的春天，朝气蓬勃。20 多岁的我们正年轻，要明白，自己的青春要自己主宰，要做自己命运的主人。

安妮宝贝曾在自己的作品《做一朵花的知己》中写下了这样的文字："我是一个时常感觉寂寞的人，我有预感自己会离开那里。然后，有一天我真的离开了，做一朵花的知己。做一朵花的知己，就是住进心灵的春天里。"

如安妮宝贝所说，做自己的知己，才能"住进心灵的春天里"。青春因为拥有憧憬而变得格外美好。20 多岁的我们，拥有"心灵的春天"。鸟语花香、生机盎然的世界，才是斑斓而美丽的。多思考自身，多接触社会，多关注周围，由物及人、由人及己，美丽的生命图景才能在青春里呈现。

现在我们所处的时代允许我们张扬自己，追求自己的理想，那我们为什么不自己把握自己的青春呢？我的青春我做主。

父亲和母亲，我们敬重你们，永远爱你们，绝不做违背社会公德、违背自我意志的事情。人生的路如何走，我们心里有数。请尊重我们的青春追求和梦想吧，年轻的我们不会让你们失望。

学校和社会，请不要再对我们的青春妄加指责。是的，年轻的我们追求新潮、时尚，喜欢耍酷，但我们依然怀抱着对世界和人生的美好向往，我们能担负起未来的重任，成为社会中坚，勇敢地走自己的青春道路。

在青春的日子里，20 多岁的我们会等待，会迷茫，会彷徨，会无助，但我们不惧失败，不怕孤单，不愿叹息，我们积极乐观、勇于进取。我们要大声地告诉世界：我的青春我做主！

9 趁年轻，干点儿什么吧

20 多岁是以挑战者姿态迎接一切的年龄，20 多岁是不需要有人告诉我们应当如何感受世界的年龄。20 多岁的我们充满了活力，20 多岁的我们，应该怎样安排自己的生活呢？

毕加索的母亲曾告诉他："你长大了，假如去当兵，准能成为将军，假如去当修士，准能成为教皇。"毕加索说："我当画家，我就成了毕加索。"这才是我们怀念 20 多岁的理由，一切都是未知的，无数的假设成就无数的可能。

20 多岁的我们正年轻，有太多需要做的事。趁年轻，努力做点儿什么吧。因为年轻，所以有的是时间；因为年轻，所以更容易接受新生事物。请充分利用时间，真正沉下心来，多读几本好书，多接受良师益友的帮助，在浩瀚的书海中，感受到自己的渺小，这样我们的胸怀才能变得宽广。20 多岁的我们正年轻，年轻有一种永生之感——它似乎能弥补一切。20 多岁之前的时光已经流走，但蕴藏着无尽宝藏的 20 多岁之后的生命还是未知的。因此，我们对它抱着无穷的希望。

著名作家刘心武曾这样写道："青春的美好，不必详尽地铺陈，单单想到这一点便令人心醉——青春是一种特权！"

青春诚然美好，但青春也必将凋零。所以，我们要敢于用自己还不够坚实的肩膀，承担来自社会的责任和义务；敢于树立起宏大的理想目标；敢于以坚毅和奋发的进取精神开创出祖国和人民所需要的业绩。

是的，青春稍纵即逝。没有人能永远年轻，我们唯一能保持的只能是心态上的年轻。所以，珍惜青春时光，努力做点儿什么吧。

一位教授在讲课，台下的学生昏昏欲睡。这时，教授突然发问："同学们，你们能说出你们祖父的名字吗？他们有过什么业绩？"台下的学生兴致勃勃，纷纷举手。教授问："那你们能说出你们曾祖父的名字吗？他们又做过什么？"台下举手的学生寥寥无几。这时，教授语重心长地说："也难怪，谁让他们没给你们留下什么东西，让你们记住他们呢。人生就是这样，若干年后，你们会被你们的子孙后代记住吗？你们希望自己像自己的祖父、曾祖父一样被遗忘，还是想被人永远地记住？"学生们陷入了沉思。

20 多岁的青春多么美好，蹉跎岁月、浑浑噩噩能度过，好好作为、全力做事也能度过。关键是，我们在以后的岁月里回忆起自己的青春时光时，希望忆起什么？

作家毕淑敏曾去一所很有名的大学演讲，遇到了这样一个问题："人生有什么意义？"毕淑敏说，她相信，一个人在自己年轻的时候，是会无数次地叩问自己的——我的一生，到底要追寻什么？最后她非常负责地对大家说，她思索的结果是：人生是没有任何意义的！她说完这句话后，全场出现了短暂的寂静，如同在旷野上；但是，紧接着就响起了雷鸣般的掌声。她接着说，人生是没有意义的，这没错，但是，我们每一个人要为自己确立一个意义！

是的，关于人生意义的讨论，充斥在我们的周围。可是，别人强加给我们的意义，无论它多么重要，如果它不曾进入我们的心里，它就永远是身外之物。比如，我们从小就被家长灌输过有关人生意义的答案。在此后漫长的岁月里，也都不断地有人向我们灌输人生意义的答案。但是有多少人把这种外在的框架，当成自己内在的标杆，并为之下定奋斗终生的决心？

20多岁的我们，要确立自己人生的意义，并为此努力奋斗、顽强拼搏，这样才能有所作为。换言之，如果在20多岁的时候，我们能很好地回答关于人生意义的问题，我们就有了明确的目标和导向，并会以此为坐标来拓展自己的人生。

美国影星秀兰·邓波儿曾经感慨道："我匆匆度过了婴儿时期，就开始工作了。"她的人生因电影而变得有意义。自诩为"早熟的苹果"的蒋方舟，7岁就开始写作，9岁出版了散文集，11岁成为畅销书作家。她曾被誉为"神童作家"。有人问她什么时候开始写作的，她说："我从生下来就在积极筹备写书了。我希望一直写到200岁。"

年轻的时候找到自己想做的事，并且做成了，才能无愧自己的20多岁，无愧自己的青春。

10 多想一点点，人生的路更长远

白琴是一个普普通通的女孩，出生在安徽一个普通的农民家庭。家里因为没有什么经济来源，再加上孩子们都要上学，所以一直很拮据。1990年7月，刚刚17岁的白琴初中毕业了，为了不再给家里增加负担，她就没有读高中。

辍学回家后，白琴帮家里干农活儿，和父母一起挑起家庭重担。1994

年，21 岁的白琴带上家里仅有的 200 元，辞别父母外出打工。第二天，白琴来到了安庆。因为只有初中文化水平，又没有一技之长，找一份工作对她来说实在不是一件容易的事，所以她只能寻找那些没有任何技术含量的工作。

几天之后，白琴在批发市场的粮店里找到一份工作。老板是一位中年大姐。她与大姐达成协议：大姐供她住宿，没有底薪，她每天用现金以批发价从店里进货，然后蹬着三轮车出去卖。

第一天，白琴赚到了 15 元。从此以后，白琴开始了自己的卖米生涯。她每天天不亮就起床，从大姐那里购进米和油，再拉到几个小区门口叫卖。由于她的米和油质量很好，再加上是送货上门，所以一天下来，她总能赚到几十元。2 个月后，她就攒下了 1000 元。她把这些钱一部分汇回家里，一部分留给自己。1 年之后，她自己的积蓄已经有 5000 多元了。白琴向自己的财富自由之路迈出了坚实的第一步。

有一天，白琴去一个小区给客户送大米。上楼梯的时候，她一不小心脚下一滑，一下子就从高高的楼梯上摔了下来，一袋大米重重地压在了她的身上。她感到浑身都在火辣辣地痛。她咬紧牙关，晃晃悠悠地扶着墙站起来。所幸的是，她虽然胳膊上、腿上在流血，但是只受了些皮外伤，并无大碍。她稍微歇息了一会儿，就忍着剧痛继续背起了那袋大米，费了很大力气才把大米送到客户的手里。

这一跤摔到了白琴的心里。那天晚上，白琴步履蹒跚地回到住处。一进门，疲惫不堪的她一下子就倒在了床上。躺在床上，她思绪万千，久久不能入睡，身上的剧痛让她的头脑格外地清醒。幸亏自己还年轻，今天这一跤要是发生在年龄大的人身上，不知会被摔成什么样呢，不知会有怎样的严重后果呢。现在自己年轻，还能够凭着力气赚点钱，可是自己不可能一直这样年轻呀。再过几年，自己还能靠体力赚钱吗？自己不能一直这样干下去，要想条出路才行！能够改变自己命运的出路就是要靠钱赚钱，而不是靠有限的体力赚钱！

说干就干，1997 年 3 月，白琴在某住宅区租下了一个店铺，开了一家粮油店，自己做起了生意。为了招徕顾客，她给自己的粮油店起名为"信用商行"。经过一段时间的摸索，白琴积累了一些经验。她开始直接从一级批发商那里进货，有时直接从厂家进货。这样一来，利润空间就大了。

积累一定数目的资金以后，白琴又开了第二家店。很快，她就发现那里居民密集，而商店很少，非常适合开一家大型超市。于是，她就和男友杨锋商量，在那里开一家超市。杨锋非常赞同她的想法。为了筹备超市开业，两人没日没夜地工作，好几次白琴都累得晕倒在路上。经过紧锣密鼓的准备，白琴的"信用超市"终于开业了。

由于选择的地理位置比较恰当，超市开业以后，生意一直很好，每天的营业额都在数万元以上。开业当年，白琴的"信用超市"就赢利数十万元。2 年之后，白琴和杨锋在刚刚规划出来的开发区附近买下了一块地皮，投资100 多万元，建起了一座星级酒店。从此，白琴陆续把自己的投资向多个行业延伸。到 2005 年年底，白琴已经拥有了大大小小十多家酒店和超市。

也许很多还在为自己的衣食住行奔波忙碌的人，看到白琴发财了，便认为是她命好，她天生就有一个富贵命，而自己就是穷命，一辈子只能给别人打工，靠出卖脑力或者体力赚点有限的钱。

"命"可能就是让人接受失败的最好的、最合理的借口。缥缈的命究竟在哪里呢？命在每个人的手里，每个人的生活都是由自己决定的。

大部分打工的人，想得最多的就是老板对自己好不好，收入多不多，工作环境怎么样。如果这些都能让他们满意，他们极有可能就一直做下去，不做他想。

一些人只要今天过得舒服，过得让自己满意，就不去想明天的事情。他们简单地认为，只要自己好好维持住现状，一切就不会改变。事实并不是这样的，即使外界的一切不发生变化，自己还是会发生变化的，最起码自己的年龄越来越大，体力、精力也会逐渐衰弱。如果仅仅是满足于现状，不多想一点点，就等于给自己的人生埋下了很多隐患。

很多人平庸，都是因为没能在人生的每一步上多想一点点。高中的时候不多想一点点，没有考上大学；在大学里不多想一点点，毕业后找工作时处处碰壁；20 多岁时不多想一点点，导致 30 多岁时没有一条可走的路；30 多岁时不多想一点点，导致 40 多岁时碌碌无为；等等。总之，人不多想一点点，就不可能有规划。没有规划的人生，便是没有目标的人生。一个人没有目标，就不会成功。

摔一次跤，让一个连高中都没有上的女孩想了很多。她想到了以后自己年老力衰时怎么办，想到了靠体力赚钱不如靠钱赚钱。赚钱的方式比赚钱的多少更重要，将来有一条属于自己的路比将来有许多存款更重要。于是她改变了眼下的生存方式，进而从一个穷人成了一个富人。

11 不想当将军的士兵不是好士兵

同为世人，为什么有人富有，有人贫穷？其实，人与人之间并没有太多区别。有心理学专家指出，其原因在于人的心态不同。有位哲人说："你的心态就是你真正的主人。"还有一位伟人说："要么是你去驾驭生命，要么是生命驾驭你。你的心态决定谁是坐骑，谁是骑师。"

　　拿破仑曾经靠着自己的一句名言"不想当元帅的士兵不是好士兵"，带领着铁骑踏遍大半个欧洲。这句名言是对所谓的"野心"的最好说明。成功就需要这样一种心态，世上成大事者都是因为有了一颗"想当元帅"的野心而最终如愿以偿。野心即雄心，也就是进取之心。

　　心有多大，人生的舞台就有多大。成大事者总是能激发自己的进取之心，并把这种野心贯彻到每一天、每一个行动中去。

　　法国媒体大亨巴拉昂年轻时靠推销装饰肖像画起家，只用了不到 10 年的时间就迅速跻身于法国 50 大富翁之列，因前列腺癌于 1998 年去世。

　　临终前他写下遗嘱："我以一个穷人的身份来到人世间，却以一个富人的身份走进天堂。在我走进天堂之前，我不想把我成为富人的秘诀一起带进去。我已经把我成功的秘诀写在了纸上，这张纸被锁在中央银行的一个保险箱内。谁若能通过回答'穷人最缺少的是什么'而猜中我的秘诀，他将能得到我的 100 万法郎的贺礼。"

　　遗嘱在他死后不久被刊出，很多人寄去了这个问题的答案。一多半的人认为，穷人最缺少的是金钱；还有一部分人认为，穷人最缺少的是机会；也有人认为，穷人最缺少的是技能；或者是帮助和关爱；等等。

　　到了巴拉昂逝世的周年纪念日，他的代理人和律师打开了那个保险箱，在 46851 封来信中，有一位叫蒂勤的 9 岁小姑娘猜对了巴拉昂的秘诀：穷人最缺少的是成为富人的野心。

　　巴拉昂的成功秘诀在欧美国家引起了不小的震动，电台就此话题进行采访时，很多"富闲"大亨都毫不掩饰地承认：野心是永恒的特效药，是所有奇迹的萌发点。某些人之所以贫穷，大多是因为他们有一种不可救药的弱点，即缺乏进取之心。

　　第二次世界大战期间，凯萨以造船速度快享誉全世界，其成就着实引人注目，这完全是因为他所做的符合战争的需要。他在起家之前，根本没有丝毫的造船经验，他之所以能够成就大业，就是他个人强劲的进取心起到了重要作用。

有一次他订购了整整一火车的钢料，这批料将在既定日期在他的船坞交货，于是他首先确保钢料生产链万无一失，同时确保铁路运输安全不拖时，并且他的员工对接受这批钢料准备得充分有余。

他派人到工厂熟悉生产第一线，探查并汇报生产进度，他亲自压货出航，力求钢料在运输上不发生任何差错。凯萨对于细节的慎重，感染和教育了他的员工，使得员工行动高效。他说若在途中发生任何差错，员工必须采取一切必要手段来控制问题蔓延，将损失降到最低，并采取一切可弥补的措施。

凯萨凭借坚强的个人进取心，成为许多人的榜样。

野心没有止境，进取之心是人类行为的推动力，人类因为拥有野心，所以有力量攫取更多的资源。没有进取心的人，就没有想要成功的动力，就会安于现状，在激烈的竞争中碌碌无为地过一辈子，即便天赐良机，也未必能抓得住。

有了进取心也就有了成功的欲望，这样，人生的方向和目标也就明确了，人们便会很好地规划自己的未来，为了达到愿望而订下比较详尽的计划，然后，通过全力以赴的努力，更快地脱离"贫穷"的牢笼。

12 朝着榜样的方向前行

有时候，年轻的我们还有些迷茫，即使拥有了梦想，也不知道应该如何实现。这时候，如果我们能找到一位榜样，通过了解榜样的成功轨迹，或许我们就能发现如何实现梦想的方法。人的一生不可能没有榜样，有了榜样我们才有学习的目标、努力的标杆、前行的方向。榜样可以是师长、家人、朋友，也可以是名人、邻居。他们只要有专长、有创意、有素养、有追求，都可以成为我们的榜样。学习榜样不是学习他们如何赚钱，而是学习他们如何为人处世、如何成就大业。有了榜样，就要努力做到最好。

1941 年，有位小男孩儿出生于日本大阪的一个贫寒家庭。小时候，他与木匠大叔合作，在自家的房子上加盖了一间阁楼。看着自己的这件"作品"，他非常骄傲，并由此确立了自己的理想——长大以后，当一名出色的建筑师。

高中毕业时，他想报考建筑系，但由于家庭贫困，不得不放弃了大学梦。走入社会后，他仍没有放弃做一名建筑师的梦想，于是，选择了家具制作和室内装潢的工作。这些工作不仅与做一名建筑师的梦想相去甚远，而且收入极低，甚至无法维持生存。那段时间，他非常苦恼，不知道自己的出路在哪里。

一天，他偶然在一家旧书摊上发现了瑞士建筑大师勒·柯布西耶的建筑作品集，他立刻被这位现代建筑运动代表人物风格独特的设计吸引了。读了柯布西耶的这本书后，他不仅知道了什么是建筑，而且找到了自己的人生方向：柯布西耶没有受过高等教育，是通过自学成为建筑大师的，而柯布西耶自学的方式除了读书外，便是游历四方，只要有机会，柯布西耶就到世界各地参观建筑杰作，对柯布西耶来说，这是另一种方式的阅读……他立即决定，把柯布西耶作为自己的偶像。

复制的第一步当然是自学。为此，他一边工作一边自学，用了整整 1年，将大学建筑系的教科书研读完毕。接下来，他像柯布西耶那样去世界各地"游历"。此后，经过长达 20 多年的奋斗，他终于成为一位像柯布西耶一样的大师级人物：从 1987 年开始，只有高中学历的他先后被耶鲁大学、哥伦比亚大学、哈佛大学等世界知名学府聘为客座教授；1995 年，他在 54 岁时，获得了有"建筑界诺贝尔奖"之称的"普利兹克奖"，成为有史以来获此殊荣的第三位日本建筑师。他就是被誉为"清水混凝土诗人"、与"鸟巢"设计者赫尔佐格和中央电视台总部大楼设计者库哈斯并称为世界三大建筑师的安藤忠雄。

安藤忠雄所谓的"偶像复制"，其实就是学习榜样，对照自身，积极作为。人们常说榜样的力量是无穷的，树立榜样，其实是让自己的心中有一个对照表，让自己有更好的追求，促使自己为梦想行动。朝着榜样的方向前行，我们更容易取得成功。

榜样的力量是无限的。刘翔很早就知道阿兰·约翰逊的名字了，在 110 米栏的 20 个少于 13 秒的成绩中，有 9 个是他创造的。他是当之无愧的"跨栏王"！他是刘翔的偶像，是刘翔的榜样。在一篇文章中，刘翔这样写道：

"2001 年在埃德蒙顿举行的国际田径锦标赛，我清楚地记得，那是我和约翰逊的第一次碰面。比赛一结束，我就找到约翰逊，让他给我签名，然后，我和他照了一张相。约翰逊对我很客气，也很友好。我知道，找他签名和要求合影，是他的"粉丝"才会有的举动，而我是他的对手，这样做并不是很有'面子'。但我欣赏强者，约翰逊就是我所在的跨栏世界里的强者。

"2004 年 5 月 8 日，日本，大阪，国际田联大奖赛。我跑出了 13 秒 06 的成绩，而约翰逊的成绩是 13 秒 13。我第一次战胜了约翰逊。但在数万观众的呐喊声中，我还是有点迷糊：我打败了约翰逊？这是真的吗？是约翰逊让我意识到，这是真的。比赛完，他第一个走向我，同样是那友好的微笑，他拍拍我的肩膀，说了一句：'干得漂亮，祝贺你！'那一刹那，我才回过神来，这一切都是真的，我击败了世界'跨栏王'！"

刘翔能取得如此战绩是刘翔自己努力的结果，这同时告诉我们，确定一个榜样，朝着榜样的方向努力，最终就有可能取得成功。通过树立榜样争取成功，其实和其他成功之路一样，同样需要坚持不懈地努力，不同之处或许仅仅在于，人们可以借此迅速地找到一条适合自己的路，并沿着这条已被前人证明可行的道路更加坚定地走下去。20 岁的我们还在等什么？我们应该赶快寻找到自己的榜样，向榜样学习，创造自己的辉煌。

第二章
风雨人生，有信仰自然诗意盎然

年轻时代是培养习惯、希望及信仰的一段时光。

——罗斯金

一个人可以非常清贫、困顿、低微，但是不可以没有梦想。梦想只要存在一天，就可以改变我们的处境。

——奥普拉

1 形象不是别人的，而是自己的

我们每个人都有一种很自然的行为，那就是当我们初次与他人会面时，会不自觉地去估量对方，捕捉一些有用的信息，从而判断出对方是何等人物，比如：这个人有多大年纪？经济状况如何？是什么性格？做什么工作？教育背景如何？……

这就是我们常讲的第一感觉，也是"6 秒钟决定一个人"的事实。

现在的社会，势利之人处处都是：如果他感觉我们是成功者、有钱人、有权人，他会对我们另眼相看，拿我们当"贵宾"对待；而如果他感到我们没钱、没权，他会轻视我们。

为什么有的销售人员总被拒之门外？

为什么有的求职者总找不到工作？

为什么有的人总找不到对象？

读读下面这则故事，你就会明白一切。

一个人走进饭店，点了酒菜，吃罢，摸摸口袋，发现忘了带钱，便对店老板说："店家，今日忘了带钱，改日送来。"店老板连说"不碍事""不碍事"，并恭敬地把他送出了门。

这个过程被一个无赖看到了。他也进饭店，点了酒菜，吃完后摸了一下口袋，对店老板说："店家，今日忘了带钱，改日送来。"

谁知店老板脸色一变，揪住他，非要剥下他的外衣抵账不可。

无赖不服，说："为什么刚才那人可以赊账，我就不能？"

店家说："人家吃菜，把筷子在桌子上摆放整齐，一盅一盅地喝酒，斯斯文文，吃罢掏出手绢擦嘴，是个有修养的人，岂能赖我这点儿钱？你呢？筷子摆放得横七竖八，狼吞虎咽，吃上瘾来，脚踏条凳，端起酒壶直往嘴里灌，吃罢用袖子擦嘴，分明是个居无定所、食无定餐的无赖之徒，我岂能饶你！"一席话说得无赖哑口无言，只得留下外衣狼狈而逃。

为什么那个老板信任前面的那个人呢？答案就是对方行为举止得体，注意自己的形象。我们时时被教导不要依据外表来评价一个人，不过我们也不得不承认，我们都是一群靠眼睛"吃饭"的人，我们已经习惯了依据眼睛看到的一切来做判断：这个人是否可靠？他的出身怎样？他是否成功？他是否接受过高等教育？我们和他合作他能否做到讲诚信？……由此可见，我们不能忽视外在的东西，因为，人与人之间的第一印象大多是凭借外在的东西得出的。

从一个人的形象就可以看出他的身份。它关系着面试的成败、工资的高低、职位的升降及合作能否顺利等事业与生活的方方面面。良好的个人形象是打造个人品牌的重要内容。一个具有良好个人品牌的人，也是市场经济时代的稀缺资源，不仅可以优先获得更高的职位，而且手握讨价还价的资本。

当前，许多国家都注重形象管理。美国人选总统，不但看候选人有多少学识，他的治国理念是什么，而且要看候选人是不是符合选民心中理想形象的要求。很简单，世界的规则已经改变了，今天我们进入了形象管理的时代！

形象通过我们的外表、气质、举止等表现出来，是一系列细微事项的综合外化。正是这些对我们来说无比重要的综合因素，确立了我们在人类这个大家庭里独一无二的个人形象。由此，我们可以看出，形象比我们想象的要重要得多。

形象是人的精神面貌、内在性格特征等的具体表现，并以此引起他人的思想或感情活动。每个人都通过自己的形象让他人来认识自己，而周围的人也会通过这种形象对我们做出判断。形象管理是主体通过对原有的不完善形象进行改造或重新构建，来达到有利于自己的目的。

形象管理的主要内容是形象设计。形象设计是运用各种设计手段，借助视觉冲击力和视觉优选，引起人们心里的美感判断，并着重研究人的外观与造型的视觉传达设计。形象设计应依据个人的职业、性格、年龄、体形、脸形、肤色、发质等综合因素进行，使化妆、服饰、体态、礼仪等要素达到完美结合。

个人形象管理是一门全新的学科，目前它正在世界各地蓬勃兴起。许多企业通过教育与训练，努力将个人形象管理落实于职场和生活之中，使人们的整体形象大幅提升。

曾任美国总统礼仪顾问的威廉·索尔比这样说过：当你走进一个房间时，即使房间里的人都不认识你，他们也可以从你的形象上对你做出以下十个方面的推断，即经济水平、受教育程度、可信任程度、社会地位、个人品行、成熟度、家族经济地位、家族社会地位、家庭教养情况、是否是成功人士。

这绝非夸大其词。因为早在人类文明形成之前，原始人就会将狩猎的战利品穿戴在身上，向族人炫耀其勇武。

形象法则将此观念推演到极致，贯穿其中的是两项永恒不变的道理：形象比内涵更直接，以内涵为后盾的形象才能持久。

成功的最大障碍是没有人看见我们的成就。一个人即使再优秀、再有才华、经验再丰富，如果大众不知道他的存在，他就不可能成功。

提高我们的能见度，可以使我们在舞会中成就一段罗曼史，可以让我们在职场上实现升迁，甚至可以让我们提高自己企业的效益。

但如果没有实质性的内涵，再亮丽的形象也只能带给我们短暂的成功，纵使能短暂获利，最后也是一场空。形象必须建立在内涵的基础上，任何人都有他人无法替代之处，只要找出我们的优点，并将它发扬光大，我们的形象就能长久。

形象法则赖以建立的一些观念很容易引起争议，很多专家竭尽全力避免夸大形象的作用。实际上，对个人而言，有时形象比资源或技能更重要。形象法则强调的是，如果我们无法让别人发现自己的内涵，便注定要失败。多数人之所以失败并非因为没有才华或能力，而是因为没有人知道其才华或能力。与其做个无人知晓的冠军，不如当个万人瞩目的挑战者。

2 在旅行中充实我们的心灵

生活在城市中，我们的心灵似乎蒙上了一层厚厚的尘埃。它压抑着我们的情感，遮蔽了我们的心灵，常常使我们迷失自我。这时候，我们是不是需要一个宣泄的舞台呢？

外出旅行吧，找回真实的自我。让自然的空气净化我们的心灵，让自然的柔风细雨吹洗掉我们身上的尘埃。旅行给我们带来的不只是视觉上的享受、体力上的锻炼，更多的是一种健康的生活方式。

晓娜在北京一家公司做招标部主任，平时工作很忙，连续加班几个月后拿下了一个大项目，好不容易盼来了年假，却不知道该怎么过才好。以前的节假日，晓娜要么加班，要么躲在家里睡觉或看电视。晓娜的观点是，平时加班加点已经够累了，放假了还不赶紧休息休息。晓娜的几个朋友却是忠实的"酷驴"一族，在死党的劝说下，晓娜终于背着包和她们一起去了云南，决定来个徒步游。

在穿行云南的日子里，晓娜感觉走过的地方有太多震撼人心之处。初见玉龙雪山的惊喜，在泸沽湖所见过的最美的星空，丽江古城的醉人，虎跳峡的惊心动魄，香格里拉的蓝天白云，滇藏之路的险象环生，梅里雪山的秀美雄伟，冬日澜沧江的翠绿，和顺侨乡的祥和，九龙瀑布的壮观，罗平田园风光的清新迷人，元阳梯田的蜿蜒逶迤，抚仙湖的宁静清爽……风景的美丽、大自然带给人的感触，难以用言语来描绘。

最令人难以忘怀的是沿途遇上的那些人和事。在德钦让晓娜她们搭便车的那个善良的藏族司机，泸沽湖畔衣着单薄的失学儿童，内心和外表一样美丽的傣族姑娘，西双版纳那些无私帮助她们的陌生人，让久居城市的晓娜时时有一种想流泪的冲动。晓娜感慨，这次的旅游经历让自己的生命更加精彩。

旅游结束，回到北京，一种压抑感立刻随之而来，混浊的空气、拥堵的交通，让晓娜快乐的心情完全消失了。旅行时的那种快乐现在怎么不见了？晓娜迫不及待地给朋友打电话商量下次去哪里旅行。

阿敏是个很感性的小女人。阿敏常说，旅游是去放飞心灵。阿敏感觉累了，就和男朋友出去旅游，每到一个景点就拍几张照片，把美景连同二人的笑脸收入记忆的仓库。过些日子心灵疲倦时，再把积存的照片拿出来翻阅，生活因此变得有滋有味。

夏天，阿敏去了九寨沟。九寨沟太迷人了，在那里，阿敏感觉似乎总有一首无言的歌在心头激荡，阿敏真想拥抱那片神圣的地方。九寨沟著名的"海子"，如人间琼池一般，令人为之陶醉、为之忘情。依偎在男朋友的怀里，她觉得十分满足。

受到美丽的大自然的感染，阿敏心旷神怡。从九寨沟回来后，那种美好的心情久久没有消退，阿敏整个人似乎仍被群山拥抱着，被千万个"海子"抚慰着。虽然天气闷热，但阿敏的心境却一片清凉，有郁郁的树林，有潺潺的流水，有鸟儿在歌唱，罕有的惬意令她长久以来焦躁的内心平静了下来。

在旅行的日子里，阿敏关掉了手机，只为避开纷扰的尘世，清一清心灵中的污秽，除掉功名利禄，除却一切世俗的烦忧，什么考博、晋升职称，统统去吧……

在旅游的日子里，不看电视，不刷手机，也没兴趣了解娱乐圈有什么新的绯闻，不担心电话把自己从睡梦中惊醒。

阿敏淡然一笑，生活，那么美好。

人生就是一场旅行，不必在乎目的地，而应在乎沿途的风景及看风景的心情。

3 享受工作中的乐趣

在节奏日益加快的都市生活中，你是否已经在工作中迷失了自我，是否已经被各种各样的工作压得喘不过气来？你如果能够在工作中找到乐趣，那该是多么美妙的事情！

假如不能在工作中找到乐趣，哪里有时间和精力去接触新的领域？不能在工作中找到乐趣的话，哪里会有成功的机会？凡是应该做的，都是值得做的，凡是值得做的，都应该做好，并且从中得到快乐。在工作中找到乐趣，对自己、对他人都有好处。

工作的终极目标是获得快乐与幸福。从工作中找到自信、找到快乐，充分发挥自身的潜能，成就事业及创造财富，才算成功。一个不快乐的工作者是失败的。有一些人则把多赚钱作为工作的终极目标，岂不悲哉。

几乎每个人都在规划着宏伟的事业蓝图，渴望在自己所处的工作岗位上施展自己的才华，实现自己的远大抱负。但是，并不是所有的人都能找到真正适合自己的工作。所以，我们应学会从工作中寻找快乐，把枯燥的工作变成一种享受。

萨姆尔·沃克莱刚刚进入工厂时的工作是日复一日地拧螺丝钉，就像《摩登时代》里卓别林扮演的那个工人一样。看着一大堆螺丝钉，沃克莱满腹牢骚。他曾经想找经理调换工作，甚至想过辞职，但都行不通。他考虑能不能找到一个积极的办法，使单调乏味的工作变得有趣起来。于是，他和工友商量开展比赛，看谁做得快，工友交口称赞。这个办法果然有效，他们工作起来再也不像以前那样感到乏味了，而且效率也大大提高了。不久，他就被提拔到新的工作岗位上。再后来，他成了火车制造厂的厂长。

变化繁多的游戏总比单调的游戏来得有趣。同样的道理，富于变化的工作可以使人们充分施展自己的才能，并让人享受无穷的乐趣。所以，我们应调整心态，学会从工作中寻找快乐。

亨利·卡文迪许是英国著名的物理学家和化学家。在他去世 60 年后，人们为了怀念这位杰出的学者，在卡文迪许学习过的剑桥大学，以 3 万英镑资金建造了世界著名的实验室。

卡文迪许生前也曾有过一段贫困的日子，但是，他很快就交上了好运。

在一个严冬的下午，一辆豪华马车突然停在卡文迪许的家门口，从车上跳下来一个衣着入时的使者。他自称是伦敦银行派来的，特地送来一张存款单据——1000 万英镑的存款单。这么大的数字，使卡文迪许目瞪口呆。经了解，这笔巨额财产是卡文迪许的一个姑母给他的，这使卡文迪许一夜之间成了富有的人。

但是，卡文迪许不爱金钱，只爱实验。这么多钱，他除了给自己建了一个设备一流的实验室外，其他都存入了银行。自己则一头钻进实验室，整天跟仪器和药品打起了交道，乐此不疲。卡文迪许虽有大笔存款，是英格兰银行的大客户。但他不理衣着，全心致力于科学研究，无暇顾及生活琐事。他的衣服大多是旧式的，扣子掉了也不管，有时褶皱遍身。一次，他准备到皇家学会去，随便穿了一件在实验室工作时被硫酸烧坏了的破大衣就出了门，以致被学会的职员认为是个流浪汉，说什么也不肯让他进去，待他报了姓名，学会的职员才连连道歉，请他进去。

平时，卡文迪许吃得很简单。有次他请其他科学家吃饭，只让准备一条羊腿。仆人笑着提醒他，一条羊腿不够五个人吃，他才改口说："那就准备两条吧。"当人们问他，为什么他那么有钱，却那么"抠门"时，他自信而无愧地说："我认为，科学家应当把时间和金钱更少地用在生活上，更多地用在科学上。"

把时间和金钱更多地用在工作上，在工作中寻找乐趣，你的生活会更丰富多彩。在职业生涯中，要想与别人竞争，就必须充满热情地工作。只有当热情发自内心并表现成一种强大的精神力量时，我们才能征服自身与环境，创造出优秀的工作成绩，在激烈的竞争中立于不败之地。

我们如果已经工作了，就会知道，当我们最初接触一项工作的时候，会由于陌生而产生新奇感，于是我们千方百计地了解、熟悉工作，干好工作，这是你主动探索事物奥秘的心理的反映。而一旦我们熟悉了工作性质和程序，日常习惯代替了新奇感，我们就会产生懈怠的心理，容易故步自封。这种主观的心理变化表现出来，就是情绪的变化。

有热情才有积极性，没有热情只能产生惰性，惰性会使我们落伍，业绩不佳难免要被"炒鱿鱼"。这也是职业生涯中的一条规则。由此看来，我们能不能与别人竞争，关键靠我们的心理素质和内在动力，也就是靠坚持不懈的工作热忱。同样一份职业，由我们来干，有热情和没有热情，结果是截然不同的。前者使我们变得有活力，工作干得有声有色，创造出许多辉煌的业绩；而后者使我们变得懒散，对工作冷漠处之，当然就不会有什么发明创造，也不能发挥潜在能力。我们不关心别人，别人也不会关心我们；我们自己垂头丧气，别人自然对你丧失信心；我们成为工作岗位上可有可无的人，也就等于取消了自己继续从事这份工作的资格。可见，保持工作热情，在竞争中至关重要。

如何在工作中保持热情，从而工作得更快乐呢？

首先，我们要告诉自己，我们正在做的事情正是自己最喜欢的，然后高高兴兴地去做，使自己对现在的职业产生满足感。

其次，我们要表现出热情，告诉别人自己的工作状况，让他们知道自己为什么对这份工作感兴趣。

事实上，每个人都应充满工作热情，不论是作家、教师、工程师，还是工人、服务员，只要自己认为这一职业是理想的职业，就应该热爱它，热爱就会珍惜。你热爱自己的职业，就要学着把职业掌握在自己手里。再简单的工作，我们都不可以掉以轻心，都不可以没有热情。如果一时没有激发出热情，那么就强迫自己采取一些行动，久而久之，我们就会逐渐找到工作的热情。

假使你相信自己从事的职业是理想的，就千万别让任何事情阻碍你。

世上许多做得极好的工作，都是在热情的推动下完成的。关键是要有把工作做好的热情，并能善始善终。我们常常会遇到这样的情况，有的职业，我们认为很好，也充满工作热情，可常听到种种非议，给我们的热情泼冷水。此时，我们若把握不好，就会把好端端的前程断送掉。我们应该承认，这种"制冷因素"是客观存在的，但只是影响热情的外在原因，良好的心理素质是保持热情的内因。要相信，我们认为好的，就必定是好的。与其担心别人的评论，不如设法完成你所选择的事情，创造出不容置疑的成绩，让人刮目相看。

4 不断充电学习，提高竞争力

一个人在饥饿的时候，自然而然地靠吃饭来解决问题。我们每天都要填饱自己的肚子，我们又该怎样充实我们的头脑呢？大部分人都是偶尔才会充实它，我们常说没有时间，这是一个借口。如果我们每天有时间去填饱肚子，那么，我们是不是也该花点时间去充实头脑呢？

我们会花钱去修饰我们的外貌，但有多少人会注意到要付出代价去充实我们的头脑？我们应该定期读书学习来满足精神需求，不断地为自己充电加油，这样我们成功的机会就会变大。东汉唯物主义哲学家王充，自幼聪颖好学，加之品行好，15岁那年被保举进太学学习。王充十分珍惜难得的学习机会，他有幸师从当时著名的史学家、文学家班彪，博览群书的热望使王充不仅阅览了太学藏书，还经常光顾洛阳的书店书摊。因家境贫寒，无钱购买书籍，他经常到书店站着看书，有时一站就是一天，废寝忘食。王充惊人的记忆力和意志，使他成为有影响力的大学者，被世人称颂。

生活中经常会有人发问，为什么成功的人是积极的呢？为什么积极的人是成功的呢？他们之所以成功，是因为他们定期以"良好、有力、积极的精神思想"来充实自己的头脑，不忘每天补充精神食粮。读书要"博学之，审问之，慎思之，明辨之，笃行之"，这样才能从读书学习中得到提高。

有人说：过去的时代是资本时代，由资本决定社会的发展；而现在则是知本时代，知识就是资本。在知识经济时代，我们需要改变观念、掌握知识，依靠知识创造财富，要终身学习。

如今，社会经济的发展日新月异，各种工作的知识要求也日益升高。如果你知识底子薄，不愿意付出时间和精力去深造，而且墨守成规，等待你的就只能是落伍。

进一步学习，已成为当今职场的一种时尚。在做到真正地认识自我的基础上，结合自身的薄弱环节而不断充实自己、提高能力，即我们常说的不断充电。只有做到这样，才会持续保持前进的动力。

越来越多的职场中人选择充电提高自己的竞争力。为适应现代竞争激烈的社会潮流，无论"穷忙族"还是"富闲人"，都在积极充电。充电是防止知识、能力"折旧"的最有效的办法。现在，人们不只忙于专业技术培训和技能培训，而且忙于"软充电"，如口才、人际沟通、心理状态调节等方面的培训。

当今时代是信息爆炸的时代，知识的保鲜期越来越短，文凭的时效性也越来越短，不断变化的市场对每个人的知识要求也变得越来越苛刻。要想适应当今社会的生存法则，要想自己关键时刻不掉链子，就要学会积极充电、不断充电，这样才能提高在职场中的竞争力，才能在竞争中保持不败。

科技与经济的竞争，说到底还是人才的竞争、素质的竞争。不学新知识，就等于失去了生存竞争力。要提高自己的生存竞争力，就不要放过任何学习的机会，要知道，知识多了路好走。所以，任何人在今天都不敢说：我的知识已经够用了。在信息时代，每个人都要培养终身学习的习惯，树立终身学习的决心。只有终身学习，不断接受新知识，才能适应社会的发展要求，不断走向成功。

5　一定要有自己的兴趣爱好

年轻人下班后的生活其实相当乏味单调，在电视机或电脑前面一坐，任凭时间悄悄地溜走。一看电视，就什么也不想干了，这是一种惰性。坐在沙发上，哪怕节目十分无聊，我们也会不停地换台，不停地搜寻勉强可以看的节目，按下关闭键显得那么困难。很多人在工作以外都是这样的"沙发土豆"。在周末，我们多半也是在不愿意起床、懒得梳洗、不想出门中度过。同时，几乎所有人都在抱怨没有时间，真有时间的时候又不知道该如何打发，只是习惯性地想到睡觉和"机械运动"——看电视或玩一款熟得不能再熟的电脑游戏，事后又觉得懊恼，心情愈加沉闷。

这就需要我们，在8小时以外，培养一些自己的兴趣，在增长自己知识的同时提升自己的品位。闲暇时间说多不多，说少却也不少。为了合理利用时间，也应该培养一些高雅的兴趣爱好。

兴趣不仅能够丰富人的心灵，而且可以为人们枯燥的生活添加一些乐趣，同时人们还能借着它对社会做些贡献。所以，一个人只要为自己的兴趣去努力，兴味盎然地去做一切事情，就能把生活点缀得更加美好。

人有各种各样的爱好，有高雅的艺术方面的，也有在生活中形成的一些习惯。总之，自己喜欢做，又有一定追求价值的都可作为自己的爱好。当然，这里说的兴趣不包括吃零食、睡觉、看电视之类的。

还要特别记住，爱好只是一种乐趣，而不是日常工作。只要喜欢就做，用不着担心是否可以完成。在过程中体验乐趣，才是爱好的真正意义。比如画画，不一定非要画得完美，不一定非得有某一主题，即兴发挥即可。

业余爱好还有一个重要的心理辅助功能，那就是增强人的自信。当我们忙碌了一天，却发现自己一事无成而不开心时，不妨忘掉这些烦恼，马上投入自己喜欢的事情上，这时我们会忘掉一天的烦恼，并享受其中的乐趣，同时自信又会重新产生。对于自己喜爱的事情，人们常常都会做得非常好，有时一个人的爱好还可成为其谋生手段，改变一个人的职业生涯。

所以,当我们无所事事时,不妨做自己喜欢的事,它可以帮助我们减轻生活压力,同时给我们带来无穷的乐趣。

拥有迷人的个人魅力是每个人的梦想,因此,有成千上万的年轻人在寻找打造迷人魅力的秘诀。想要成为富有魅力的人,不仅要注重外表的修饰和内在文化修养的提高,更应该重视自己的兴趣与爱好的培养,只有这样才能长久地保持吸引力。

晓颜今年20岁,长得清秀可人,并且拥有魔鬼般的身材,见过她的男孩无一不爱慕她。在众多的追求者当中,晓颜看上了优秀的小辉,并且答应做他的女朋友。"天有不测风云",在他们交往还不到半年的时候,小辉突然提出要与她分手,晓颜向小辉询问分手的原因,小辉没有回答,只是默默地走开了。晓颜很伤心,但由于身边的追求者较多,她很快与一位叫李彬的男孩交往了,但交往了3个多月,李彬也向她提出了分手,这对于晓颜来说,无疑是一个晴天霹雳,她不明白为什么小辉和李彬会选择与自己分手。难道自己就那么不讨人喜欢吗?她心中有着各种难以解开的疑问,于是又向李彬询问分手的原因,李彬无奈地说:"知道吗?我第一次见到你就被你的外貌迷惑了,我从未见过如此美丽的容貌,你的容貌足以将人融化,令人心动。但在和你交往的这几个月里,我从来没有听你说过自己喜欢什么,对什么有兴趣,平时问你想要去哪里玩,你总是说无所谓,去哪里都行。我一直都很喜欢有情调的女人,晓颜,我们分手吧,你的没有主见让我窒息。"说完,他转身而去,没有任何犹豫、任何停留。

所以说,有品位的年轻人一定要有自己的兴趣爱好。

或许有一天,我们的爱好会对我们的职业产生莫大的帮助。如果我们将爱好发展到相当高的水平,甚至有可能改变我们的人生。

请选择这些方面的爱好：音乐、绘画、雕塑、舞蹈、书法、围棋、国际象棋、鉴赏古物、品酒、桥牌及外语等。如果我们有条件，最好请一位私人教师，我们会发现一对一的学习效果令人吃惊。

6 创业，一定要趁早

自古以来都是"人往高处走，水往低处流"。不断地向上，向上，再向上，这似乎已经成了一条人生定律。于是人们从走向社会的那一刻开始便努力向上攀登事业的高峰。可是攀登了多年后，却蓦地发现，自己怎么突然间迷路了呢？前方已然无路，再抬头已被"天花板"碰得生疼，无意间竟然碰到了职业的"天花板"。

很多人从青年时代开始就艰苦努力，不断进步，不断突破自己，一步一步地走上一个又一个新台阶，好不容易升到一个很不错的职位后，却止步不前了。因为虽然此时自己在工作上已经积累了足够的经验，见识也开阔了，能力也增强了，也具备一定的管理技能了，结果遇到了职业的"天花板"，难以晋升。尤其是35～45岁这个年龄段的成功人士，升到总监、高级经理之类的职位时，会更加感到困惑。并且，这个年龄段的人，生活基本上稳定下来了，如果重新找别的机会的话，需要花费更高的成本，所以，何去何从？他们在选择面前往往都犹豫不决。

在外人看来，那些在职场上处于高薪职位的人很是让人羡慕，殊不知看起来光彩照人的工作背后，却是进退维谷的尴尬境地。他们尽管在事业上一路飙升到较高的职位，可是突然产生了失去目标的惶惑与困扰，下一步该怎样走呢？晋升的机会已遥遥无期，当年自己提拔过的职场新秀如今已志在千里，对自己现在占据的这个职位早已虎视眈眈。面临被新秀淘汰的命运，是暂时守住自己这个饭碗浑浑噩噩地度日，还是放弃手中这份"鸡肋"重新选择、重新拼搏？

现实生活中，碰到职业"天花板"的人不在少数，杨华就是其中的一个。

杨华今年35岁，在某外企任驻北京分公司的销售经理，负责该公司在中国北方市场的销售。

销售经理，多少人羡慕的工作，年薪丰厚，大权在握，工作时间比较自由。而杨华有了一种新痛苦——遭遇了职场"天花板"。即使工作表现再出色，销售业绩再好，杨华也永远只会是销售经理。虽然公司里并不是没有比销售经理高的职位，但是这些职位永远轮不到杨华。因为公司有个惯例，这些职位永远由公司总部直接派人来担任。杨华现在的顶头上司就是由总部派来的。这种职场尴尬，杨华已经不是第一次经历了。

当初杨华在大学毕业时进的公司里也遇到了这种情况，在那家公司杨华干了6年，从底层干到部门经理便停住了。杨华毅然放弃了那份工作，重新"充电"去读MBA（工商管理硕士）。MBA毕业后，杨华来到现在这家外企，结果又是重蹈覆辙。

如今已过了而立之年，杨华也已经不再是当年那个敢于放弃一切、从头再来的年轻小伙了，现在纵使不为自己着想，也要想想家里的妻儿老小，所以种种犹豫随之而来。杨华想自己开个小公司独立创业，虽然凭自己对国内市场的熟悉和长期建立的客户关系，足以支撑小公司发展下去，但是风险无法预计，很可能的结果就是还没等到赚钱就已经把全部积蓄都压上去了。况且自己的太太当年因为怀孕生子放弃了工作，如今是典型的

"全职太太"，根本没有收入，而小孩的成长与培养又需要很多钱。杨华思前想后，依然困惑不已。

看来，高薪一族也在因为遇到了职业的"天花板"而穷忙。最近流行一种说法，即29岁以前属于青春"保质期"，29岁以后，就Timeout（过期）了。因此，要在青春岁月里有所突破，创出一番事业来，就应赶在青春"过期"之前。张爱玲说："出名要趁早。"若将这句话解释为"人生能量的迸发应及早开始"，那么，这样的原理同样适用于创业。商界中的众多风云人物就是这个注解的最佳代言人。

股神沃伦·巴菲特25岁时开了巴菲特有限公司，SONY先生盛田昭夫25岁时创立了东京通信工业株式会社，设计大师皮尔·卡丹28岁时成为世界闻名的服装界巨匠，中国台湾经营之神王永庆29岁时成为成功的木材商人，石油大王约翰·洛克菲勒31岁时创设美孚石油公司，1953年，30岁的霍英东创造了"卖楼花"房地产营销新理念，一时间掀起了全港地产狂潮。1958年，30岁的李嘉诚资产已经突破千万元，1961年，30岁的默多克已将澳大利亚报的产业从澳大利亚延伸到了英国，1985年，30岁的比尔·盖茨促成了微软与个人计算机老大IBM（国际商业机器公司）联合开发OS/2操作系统，等等。

美国一家研究机构的调查分析显示，全球百万富豪的平均年龄已经从30年前的62岁提前到目前的38岁，支撑这个现象的内在逻辑是：更具创新能力的年轻人更容易在这个变革剧烈的社会创业成功。

《富爸爸穷爸爸》的作者罗伯特·清崎在他的书中有这样一项调查：新创立的企业在5年内每10家中会有9家以失败告终，这一存活率甚至远远低于癌症患者手术后5年内的存活率。趁早创业，才能为成功赢得更多的时间。

7 点燃心中的激情

事实上，一个人如果没有强烈的进取心，没有对梦想冲动的想法，没有"非此不可"的人生追求，是很难取得成功的。我们的生命里，需要很多"火山"，那里能喷发出热情、激动、兴奋、冲动等情绪。我要挥洒脸上的汗水，我要创造出生命的奇迹。这样的心理定位就叫作激情。

激情应当建立在对梦想的执着追求上。还记得 2004 年雅典奥运会上的中国女子排球队吗？她们在比赛中总是那么的激动、兴奋。她们会为一个成功的扣球而欣慰，也会为一次失败的防守大声讨论。她们扬起自己的双臂，调动着自己的身躯，一次次地垫起了那个弹性十足的排球，也垫起了自己的青春和激情，垫起了自己的光荣与梦想。那是争夺金牌的挥舞，她们密切协作、互相鼓舞、高度注意、积极防守，是扬我中华体育之威的壮烈情感。她们盼望着在领奖台前奏响那熟悉的《义勇军进行曲》，她们期待着证明自己。是的，是那在心中点燃的激情让她们奋力地拼搏，并且一次次地取得了成功。

女排姑娘们在比赛场上的一言一行、一举一动，都在诉说着一种无法遏制的情绪，这种情绪就是激情。有激情，才能创造奇迹。很难想象，一个总是在嘴上说着自己的梦想，却永远没有追求梦想的冲动的人，会取得什么成就。

张艺谋是中国第五代导演中的佼佼者。他因导演的《大红灯笼高高挂》《红高粱》《活着》《英雄》等优秀作品以及在中国举办的 2008 年奥运会的精彩开幕式而被载入史册。张艺谋的理想是当导演，他能一次次地

创新，一次次地超越自己，到底是因为什么？众所周知，张艺谋注重电影
画面，那些画面有鲜明的色彩感，给人以强烈的视觉冲击力，比如红色就
是其中的主色调，如《红高粱》《大红灯笼高高挂》《英雄》中都有大面
积的红色调。红色从心理学的角度来讲，就代表着一种激情。红色是一种
让人奋进的、热情的颜色。细细分析，我们会发现，张艺谋的成功少不了
激情的推力。张艺谋有拍电影的梦想，他愿意为电影事业奉献自己的一
切。他的心中时时奔涌着激情——创作的能量，这种激情指引着他继续进
步着、追求着。

从《泰坦尼克号》到《阿凡达》，一次次刷新票房纪录的导演詹姆
斯·卡梅隆，被誉为"天才""怪人"。在他的世界里，只有电影，只有完
美。20 多年前年轻的卡梅隆执导《泰坦尼克号》时，因为拍摄时间拖得太
久，也因为影片一再地超出预算，投资人纷纷打算撤资，不愿再注资拍这
部电影。当时的卡梅隆思虑之后，做出了一个决定：为了完成这部电影，
自己的导演费不要了。导演费是一笔相当可观的收入，但是卡梅隆果断地
放弃了。他曾发誓要拍一部真正的爱情电影，那被点燃的激情，怎么能轻
易放弃呢？事后证明，正因为他的坚持，因为他的不顾一切，《泰坦尼克
号》取得了极大的成功，也创造了票房神话。

时隔多年，卡梅隆积蓄力量，拍摄了酝酿很久的 3D 电影《阿凡达》。
《阿凡达》成了很多人心目中的经典。在拍摄中，他对所有的人都严格要
求，每天不知疲倦地工作十多个小时，他是艺术上的"疯子"。我们通过
他的经历看到的是那激情的力量。是的，梦想的火焰一旦被点燃，就应该
不停歇地燃烧下去。

在遭遇逆境、失意的时候，我们也要把内心的激情点燃。迈克尔·舒
马赫是世界赛车史上最伟大的赛车手之一。舒马赫成功的秘诀是什么呢？

舒马赫说，赛道分为直道和弯道。在直道上让赛车快起来，我们谁都能做到；要成功，关键是在弯道上让赛车快起来。我们应想到的是，如果把人生比作赛道上，那么在风平浪静的道路上，我们谁都能充满激情地将人生之车开得又快又稳；但是在人生的弯道上，我们的激情很有可能退却，我们会减速，最后被别人超越，甚至车毁人亡。是的，人生其实就像赛车，比的不是直道上的速度，而是弯道上的技术、经验、激情。如果我们在逆境、失意中依然能够充满激情，勇敢地向前冲，那我们会成为最后的赢家。

点燃心中的激情，人生才能无极限。点燃激情，才能超越梦想。有激情，才会有旺盛的生命力，才会不得不爱自己的追求，不得不爱自己的梦想。拥有激情，梦想才不仅仅是梦想，不仅仅是远方的风景，而是不远处的现实……

8 追求卓越，永不满足

一些统计数据表明，有些成功人士学历不高，家庭背景不好，即便是学历高的人，也往往是学习成绩不太好的学生。那么，是什么因素使这些富翁与常人不同而积累了大量的财富？或者说穷人和富人的根本区别是什么呢？

能不能积累大量财富的原因在于想法，有的人自认为自己是穷人，常常满足于能"凑合着过日子"的现状，而有的人永不满足，而且他们即便是在穷的时候也认为自己是富有的人，只是暂时没有钱或钱不多。这是一个人的一生能否发财致富或者事业能做多大的关键因素之一。

"追求卓越，永不满足"是所有成功者的人生信条，王永庆也一样。他在米店、碾米厂、砖厂相继倒闭的困难面前没有一蹶不振，在木材生意兴隆、自己的积蓄已达5000万元时也没有满足，他把目光投向了更具发展潜力的领域。

真正的成功者是敢想的，哪怕是对自己看好的领域一无所知。

失败者不敢想，用一道道自制的枷锁把自己捆得死死的，只想走别人走过的路，生活在自己熟悉的环境之中。

王永庆决心投资塑胶工业，然而他对塑胶工业一无所知，连塑胶是用什么原料做成的、它的化学成分是什么都不知道，因此他的意向受到当时工业组主任严演存的冷眼相待。

对一个行业陌生不会成为富人实现自己目标的障碍，别人的打击成不了富人放弃追求的理由。王永庆花了1年的时间去熟悉和掌握有关塑胶的知识，1年以后，他对塑胶的性质、生产加工、用途等都了如指掌。

当时，中国台湾的塑胶原料工业由化学工业经验丰富的永丰工业集团老板何义负责。开始时，精明能干的何义答应王永庆投资办厂，并进行了事前的可行性分析。

何义先后前往日本、美国、欧洲进行实地考察，发现塑胶原料厂的规模都在日产50吨以上，而中国台湾厂家只能日产4吨，与别人相比，无论在规模上还是在成本上，自己根本没有优势可言。如果增加产量，销路是个无法解决的问题。这些都是谁也不能否认的事实。

因此，何义断言，投资塑胶业将陷入无法自拔的泥潭，非但前途渺茫，而且有血本无归、倾家荡产的风险。

在化学工业巨头何义放弃塑胶生产经营的情况下，王永庆仍然凭借自己过人的胆识以及敏锐的直觉，选择了塑胶工业。

事情的结果不出何义所料,王永庆的公司虽然生产出了塑胶粉粒,但其月产只有 100 吨,几乎是世界上生产规模最小的。而且在当地每月只能销售 20 吨,因为日本的同类产品物美价廉,几乎独占了整个市场。

由于产销不能两旺,王永庆的公司资金周转不灵,产品被大量积压,公司面临倒闭的风险。

一些股东见前景不妙,纷纷退股,更有一些无聊的看客趁机打击、嘲笑王永庆。

公司面临夭折的危险,王永庆的事业陷入了前所未有的逆境。

王永庆在自己四面楚歌时,决意破釜沉舟、背水一战。他以常人无法想象的胆识,在股东们纷纷退股的情况下,毅然决然地变卖自己大部分的产业,以低价买断了公司的所有产权,独自经营。

王永庆这么做,当然不是一时心血来潮、意气用事。他是在冷静分析过后才做出这个惊人选择的。

王永庆认真分析了公司不景气的原因,发现除了日本产品的竞争之外,最主要的还是当地的需求量有限,需求与供给之间,一个月会有 80 吨的差额,公司的产品在当地明显供大于求。要想改变现状,只有打开市场一条路可走。

但是要想把公司的产品外销,靠 100 吨的月产量是极不现实的,这一产量没有任何竞争力,唯一的办法就是扩大再生产。王永庆决定马上扩大生产规模。在旁人看来,月产 100 吨都卖不出去,还想着扩大生产规模,王永庆不是疯了就是傻了!

王永庆扩大生产规模的决定不是盲目的。因为中国台湾是世界上主要的烧碱生产基地之一,生产烧碱过程中被弃之不用的 70% 的氯气,为塑胶工业的发展提供了充足的原料。

他自己也明白，明知产品过剩，仍然坚持扩大生产规模，这是"明知山有虎，偏向虎山行"，是要冒很大风险的。

真正的成功者不计较一时的得失。富有远见卓识的王永庆想到了风险，但他更看准了大幅提高产量可以降低成本和销售价格，能吸引更多的岛内外客户。他认为暂时赔本没什么大不了的，能闯出一条属于自己的路来是值得的。

王永庆经过几次扩大生产规模，又实行塑胶产品的深加工，终于使公司起死回生，公司的航母一点一点地成形了。

王永庆在公司彻底站稳脚跟之后，没有满足，而是把目光转向了木材业，投资创办了"台湾化学纤维股份有限公司"，从而结束了中国台湾纸浆进口的历史。后来他又与日商合作，成立了生产聚丙烯腈纤维的"台旭纤维工业股份有限公司"。

至此，王永庆的产业遍布中国台湾各地，跨化学、木材、纺织等多个行业，王永庆被誉为"主宰台湾的第一大企业家"。1980 年，他又进军美国，在美国拥有 3 个石油化工原料厂以及 11 个下游工厂，被美国石油化工界称为"不可轻视的劲敌"，成了真正的富人。

人们常说："知足者常乐。"知足就是满足、停滞、不求进取，某种情况下可以说是一种消极的心态、不健康的心理。知足只能是一种心理上的自我慰藉、精神上的胜利，而不知足才是积极进取、乐观向上的态度。

"登东山而小鲁，登泰山而小天下。"你如果满足于登上东山，看到的将是有限的鲁地，怎能像登上泰山之巅那样把天下尽收眼底呢？不知足，是对生活的执着追求，是始终如一的人生信念。

贾岛吟诗，反复推敲；欧阳修行文"为求一字稳，耐得半宵寒"。正因为不知足，他们才不知疲倦地长期磨炼，才有了千古绝唱并被人们传咏至今。爱迪生一生有 1000 多项发明是因为他不知足，不断地钻研。沧海桑田，世事变迁，山外更有山，楼外还有楼，只有永不满足，我们才能走向更大的成功。诚如斯图尔得·约翰逊所说："我们人生的志向并不是超越别人，而是超越自己、刷新自己的纪录，以今日更新更好的表现凌驾在昨天的成绩之上。"

任何事物都是不断变化、发展的，知足而不求发展就会被淘汰，只有不知足，才会进步、发展，才会有更大的成功。所以，我们要有更高的目标，用更高的标准来要求自己，这样我们就可以在自己的努力过程中获得更多的成功，创造更多的财富。

9 永远不说不可能

年轻没有失败，因为年轻，不说不可能。挫折并不等于失败。遇到困境，要勇于面对它，敢于战胜它，这才是正确的人生态度。我们应该明白，任何成功的人在成功之前，均遭遇过不同程度的失败。爱默生说过："我们的力量来自我们的软弱，直到我们被戳、被刺，甚至被伤害到疼痛的程度时，才会唤醒饱藏着神秘力量的愤怒。伟大的人物总是愿意被当作小人物，当他坐在占有优势的椅子中时，才昏昏睡去。当他被摇醒、被折磨、被击败时，便有机会学习一些东西了。此时他必须运用自己的智慧，发挥他刚毅的精神，他会了解事实真相，从他的无知中学习经验，治疗好他的自负精神病。最后，他会调整自己并且学到真正的技巧。"或许我们不是伟大的人，但是我们可以拥有伟人的精神：面对挫折，永远不说不可能。

爱迪生经历过一万多次失败后，才发明了灯泡。而沙克也是在使用了无数介质后才培育出了脊髓灰质炎疫苗。斯巴昆说："有许多人一生之伟大，来自他们所经历的大困难。"困难之下，我们觉得自己就要失败了，永远不可能成功了。但是太多的例证告诉我们，事实恰好相反。

温特沃斯·米勒在读小学的时候，曾经跟父亲一起观看过一部反映第二次世界大战的影片，从此他爱上了演员这个职业，从普林斯顿大学毕业后，他选择进入好莱坞做一名演员。然而刚开始的几年里，没有一家剧组给过米勒机会。他常常需要帮别人干杂活来维持基本的生活。在多年的历练中，他更加深深地明白什么是生活，明白自己真正需要的是什么。

是的，一个连续 10 多年守着一个梦想，可是看不到希望的人的确少见，于是有人劝他离开好莱坞。终于，2003 年，他出演了《人性的污点》，他和奥斯卡影帝安东尼·霍普金斯分别饰演了青年时期的斯尔克和老年时期的斯尔克。本以为凭借这个角色，他的人生会出现转机，可是演完这部戏，他依然陷入天天试镜的困境之中。这时候，一向支持米勒的父亲也开始劝他别做梦了，也许演员这个职业不适合他。

然而，米勒说什么也不肯放弃，他坚信前面一定有亮光，他的心中一直存有梦想，他不相信自己会一直这样下去。也许命运之神看到了他的不言放弃，向他挥了挥手。后来，他在《越狱》中出演了迈克斯科菲尔德，一夜之间成了全球最受欢迎的男演员。那漫长的 10 多年的坚守，终于换得了最后的成功。

在米勒的字典里没有"不可能"三个字，在他的心中，一直存留着自己最初的梦想，这让我们深深钦羡。或许应当说，逆境与忧苦能将我们的心灵"炸破"，在那"炸开"的裂缝里，会有丰富的经验、新鲜的欢愉不息地奔涌而出。有太多人不到穷困潦倒的境地，不会发现自己的力量。某些"灾难"的折磨，足以助我们发现"自己"。被人誉为"乐圣"的德国作曲家贝多芬，一生遭遇了数不清的磨难困苦，后来双耳失聪，然而，他勇敢地扼住了命运的咽喉，奏出了生命的交响曲。这正如他给一位公爵的信中所说："公爵，你之所以成为公爵，只是由于偶然的出身，而我成为贝多芬，可是靠我自己。"今天我们很难想象那些"不可能"怎么会出现在贝多芬的身上，然而事实是无法更改的。贝多芬在他短暂的生命里，向我们诠释了一种执着的、永远向困难说"不"的傲气。他只朝着梦想，积极地、不知疲倦地行动、行动。

年轻的我们，因为有梦想，因为相信自己不可能永远活在黑暗中，才会奋力地抓住一切可能的机会，付出光阴，付出努力，甚至付出生命。这种付出，代表的是最高贵的灵魂追求，代表着积极向上的人生态度。或许从另一个角度说，一个人的一生中不论经受过多少痛苦，遭遇过多少失败，但是只要最终是成功的，一切痛苦与失败又算得了什么呢？把挫折、沮丧带来的不快乐丢掉吧，把"不可能"之类的言辞丢掉吧，年轻的我们，在追寻梦想的道路上，永远不说不可能。

10 别人行，我也行

事业的成功不是一蹴而就的，而是一个循序渐进的过程。几乎所有人的成功都源自一个想法，那就是别人行，我肯定也行。而且经过一段时间，当你获得几次成功之后，你会想，别人不行我也行，我为什么要跟别人学，我完全可以让他们跟我学。

爱默生说："自信是成功的第一秘诀。"自信能够产生一种巨大的力量，它的确能推动我们走向成功。自信是成大事者的心灯。

美国作家查尔斯 12 岁时，在一个细雨霏霏的星期天下午，在纸上胡乱画，画了一只菲力猫，它是大家所喜欢的喜剧连环画中的角色。他把画拿给了父亲，当时这样做有点鲁莽，因为每到星期天下午，父亲总是拿着一大堆阅读材料和一袋无花果独自躲到他们家的书房里，关上门忙自己的事，不喜欢被他人打扰。

但那个星期天下午，父亲把报纸放到一边，仔细地看着那幅画。"棒极了，查尔斯，这画是你画的吗？""是的。"父亲认真打量着画，点着头表示赞赏，查尔斯在一边激动得全身发抖。父亲几乎从没说过表扬的话，很少鼓励他们五兄妹。父亲把画还给查尔斯，说："在绘画上你很有天赋，坚持下去！"从那天起，查尔斯看见什么就画什么，把练习本都画满了，对老师所教的东西毫不在乎。

后来父亲离开了家，查尔斯只能自己想办法过日子，并时常给他寄去一些自认为吸引他的素描画，然后眼巴巴地等着他的回信。父亲很少回信，但当他回信时，其中的任何表扬都能让查尔斯兴奋几个星期，查尔斯相信，自己将来一定会有所成就。

在美国经济大萧条的那段困难时期，父亲去世了，除了福利金，查尔斯没有别的经济收入，17 岁时他只好离开学校。受到父亲生前话语的鼓励，一天，他画了三幅画，画的都是多伦多枫乐曲棍球队里声名鹊起的"少年队员"，其中有琼·普里穆、哈尔维、"二流球手"杰克逊和查克·康纳彻，并且在没有约定的情况下，他把画交给了当时多伦多《环球邮政报》的体育编辑迈克·洛登，第二天迈克·洛登便雇用了查尔斯。在以后的 4 年里，查尔斯每天都给《环球邮政报》体育版画一幅画。那是查尔斯的第一份工作。

　　55 岁时查尔斯还没写过小说，也没打算这样做。在向一个国际财团申请电缆电视网执照时，他才有了这样的想法。当时，一个在管理部门工作的朋友打电话来说他的申请可能被拒绝，查尔斯突然面临着这样一个问题："我今后怎么办？"查阅了一些卷宗后，查尔斯用字迹潦草的十几句话写下了一部电影的基本情节。他在办公室里静静地坐了一会儿，思索着是否该把这项工作继续下去，最后他拿起电话，给他的朋友、小说家阿瑟·黑利打了个电话。

　　"阿瑟，"查尔斯说，"我有一个自认为不寻常的想法，我准备把它写成电影剧本。我怎样才能把它交到某个经纪人或制片商，或是任何能使它拍成电影的人手里？""查尔斯，这条路成功的概率几乎等于零。即使你找到某人赞同你的想法并把它变为现实，我猜想你的这个故事梗概所得的报酬也不会很多。你确信那真是个不同寻常的想法吗？""是的。""那么，如果你确信，哦，我提醒你，你一定要确信，为它押上 1 年时间的赌注，把它写成小说，如果你能做到这一点，你会凭借小说得到收入，如果你的小说写得很成功，你就能把它卖给制片商，得到更多的钱，这是故事梗概做不到的。"查尔斯放下电话，开始问自己："我有写小说的天赋和耐心吗？"他沉思后，对自己越来越有信心。他开始调查、安排情节、描写人物……为它赌上了比 1 年还要多的时间。

　　1 年又 3 个月后，小说完成了，在加拿大的麦克莱兰和斯图尔特公司，在美国的西蒙·舒斯特公司和艾玛袖珍图书公司，在大不列颠、意大利、荷兰、日本和阿根廷……这部小说均得到出版。结果，它被拍成电影——《绑架总统》，由威廉·沙特纳、哈尔·霍尔布鲁克、阿瓦·加德纳和凡·约翰逊主演。此后，查尔斯又写了五部小说。

假如你自信，你就会获得比你的梦想多得多的成功。

我们常会见到这样的人，他们总是对自己所处的环境不满意，由此产生苦恼。例如，一个学生没有考上理想的学校，觉得自己比不上别人，很自卑，于是书也念不下去，一天天心不在焉地混日子。

有的人对自己的工作不满意，认为赚钱少、职位低，认为自己比不上别人，心里自卑，意志消沉，天天懒洋洋的，做什么也打不起精神来。于是，他在工作上常出错，上司不喜欢他，同事也认为他没出息。如此一来，他就越来越孤独，越来越被单位的人排挤，越来越远离快乐和成功。

其实，一个人如果对自己目前的环境不满意，唯一的办法就是让自己战胜这个环境。当你不得不走过一段狭窄艰险的路时，你只能打起精神克服困难，战胜险阻，把这段路走过去，而绝不是停在途中抱怨，或索性坐在那里听天由命。

成功者有一个显著特征，就是他们无不对自己充满信心，无不相信自己的力量。而那些没有做出多少成绩的人，其显著特征则是缺乏信心。正是这种信心的丧失，使得他们怯懦、唯唯诺诺。

坚定地相信自己，绝不容许任何东西动摇自己追求成功的信念，这是所有取得伟大成就人士的基本品质。许多极大地推进了人类文明进程的人开始时都落魄潦倒，并经历了多年的黑暗岁月。在这些落魄潦倒的黑暗岁月里，别人看不到他们事业有成的任何希望；但是他们毫不气馁，始终如一地、兢兢业业地刻苦努力，他们相信终有一天会柳暗花明。

想一想这种充满希望和信心的心态，对世界上那些成功者的作用吧！在光明到来之前，他们在枯燥无味的苦苦求索中煎熬了多少年！要不是他们有信心、有希望并锲而不舍地努力，成功的时刻也许永远不会到来。信心是一种心灵感应，是一种思想上的先见之明。

曾经担任过美国足球联合会主席的戴伟克·杜根，说过这样一段话："你认为自己被打倒了，那么你就是被打倒了；你认为自己屹立不倒，那你就屹立不倒；你想胜利，又认为自己不能，那你就不会胜利；你认为你会失败，你就失败。因为，环顾这个世界成功的例子，我发现一切胜利，皆始于个人求胜的意志与信心。你认为自己比对手优越，你就是比他们优越；你认为自己比对手低劣，你就是比他们低劣。因此，你必须往好处想，你必须对自己有信心，才能获取胜利。在生活中，强者不一定是胜利者，但是，胜利迟早属于有信心的人。"

信心是使人走向成功的第一要素。换句话说，当你真正建立了自信，那么你就已开始步向事业的辉煌。

从前，在非洲，有一个农场主，他一心想要发财致富。一天傍晚，一位珠宝商前来借宿。农场主对珠宝商提出了一个藏在他心里几十年的问题："世界上什么东西最值钱？"珠宝商回答道："钻石最值钱！"农场主又问："那么在什么地方能够找到钻石呢？"珠宝商说："这就难说了。有可能在很远的地方，也有可能在你我的身边。我听说在非洲中部的丛林里蕴藏着钻石矿。"

第二天，珠宝商离开了农场，四处收购珠宝去了。农场主却激动不已，并马上做出了一个决定：将农场以低廉的价格卖给一位年轻人，然后匆匆上路，去寻找远方虚无的宝藏。

第二年，那位珠宝商又路过农场，晚餐后，年轻的农场主和珠宝商在客厅里闲聊。突然，珠宝商望着书桌上的一块石头两眼发亮，并郑重其事地问农场主这块石头是在哪里发现的。农场主说："就在农场的小溪边发现的。"珠宝商非常惊奇地说："这不是一块普通的石头，这是一块天然钻石！"随后，他们在同样的地方又发现了一些天然钻石。后来经勘测发现：

整个农场的地下蕴藏着一个巨大的钻石矿。

这个故事告诉我们：宝藏不在远方，宝藏就在我们心中。

在人生的旅途中，我们可以停下来，静静地想想我们自己：在这个世界上，我是独一无二的，没有任何人会和我一模一样，为了完成我的使命，我已从祖祖辈辈的巨大积蓄中继承了成功所需的一切潜在力量和才能，我的潜力无穷无尽，犹如深埋地下的钻石宝藏。

人首先要看得起自己，别人才会高看你。自卑的人的最主要的特征是对自己的能力缺乏了解，因而缺乏信心。这种人总是谈自己的问题，抱怨命不好，总是把困难看得太重，于是垂头丧气，永远没有挑战的决心。这样的人终将一事无成。

在一个人的信念系统中，有非常重要的一点，那就是如何看待自我。一个人如果对自我没有清晰的认识，那就很难客观地对待外部世界。

通过对机遇的研究，我们发现，成功者对自我都有积极的认识和评价，他们对自己相当自信。他们因为自信，所以才会相信自己的选择，相信自己的事业有成功的可能，所以才会坚持到底，直到达到自己的目标。

在现代社会里，一个人要想成就一番大业，凭单枪匹马的拼杀是不够的，它更需要众多人的支持和合作。这时，自信便显得尤为关键。一个人只有首先相信自己，才能说服别人来相信你；如果连你都不相信自己，那么这意味着你已失去自己在这个世界上最可靠的力量。

凡是自信的人，都能表现出一种强烈的自我意识。这种自我意识使他们充满了激情、意志和战斗力，没有什么困难可以压倒拥有自信这座宝藏的人。他们的信念就是：我能赢！

第三章
我愿意为理想奋斗

世界上最快乐的事，莫过于为理想而奋斗。

——苏格拉底

梦想一旦被付诸行动，就会变得神圣。

——阿·安·普罗克特

1 美美与共，和而不同

"各美其美，美人之美，美美与共，天下大同。"这句话是社会学家费孝通先生提出的不同文明之间的共处原则，被称作处理不同文化关系的"十六字箴言"。费孝通先生的这句话具有中国式的传统智慧。我们要积极树立双赢、多赢、共赢的新理念，摒弃你输我赢、赢者通吃的旧思维。

人际关系是人们因交往而构成的相互依存和相互联系的社会关系。人是社交性动物，每个个体都有自己独特的思想、背景、态度、个性、行为模式和价值观，人际关系对每个人的情绪、生活、工作都有很大的影响，对组织气氛、组织沟通、组织效率和个人与组织之间的关系也有着极大的影响。那么，我们该如何处理好自己的人际关系呢？

第一，要真实待人。我们是独一无二的，要做自己，不要做作，不要装出一副其他样子。

第二，要对别人感兴趣。诚然，有趣的人会得到关注，但对他人感兴趣的人会更容易得到他人的感激，因为人们总是喜欢那些对自己有兴趣的人。

第三，学会正确倾听以获取更多信息。当我们认真倾听时，我们会因此获得可以用来创造价值的重要信息。比如，如果我们了解到老板痛恨冗长的报告，那我们就知道可以用简短的报告打动他，赢得他的好感。或者，在与客户用午餐时，她吐露正在寻求一种新产品，因为这和她 14 岁儿子感兴趣的一个问题有关。我们能了解到这一点，是因为我们关心并询问她家庭的情况，同时注意倾听对方的回答。

用心去了解别人，寻求有助于提供更好的服务的信息，这样做会赢得对方的好感。理解并认同他们的需求，会增加我们为他们提供服务的价值。

第四，学会体谅。如果我们对他人有兴趣，并认真倾听，尽量去真正理解他们，我们就能更好地体会他们的感受。我们与他人的感受可能不会永远一致——如果一致，那我们就是极富同情心的人了——但当我们尽量去体谅并理解他们的感受时，才能真正设身处地地为他们着想。被别人理解是人类强烈的需求之一，但是很多时候，生活中的人，要么根本不关心他人的感受，要么不愿意花精力去了解他人的真实感受。

第五，保持诚实。交际艺术的真谛，不是说出对方愿意听的话，而是以对方能听得进去的方式，告诉他们其需要知道的事情。所有的商业谋略都可以被总结成一个简单的原则：言必信，行必果。换句话说，不要承诺我们做不到的事情；不要让别人对我们产生不切实际、无法满足的期望；不要随口应承、大包大揽。要做一个言而有信的人，即做一个诚实的人。

第六，乐于助人。小事情可以造成大改变，许多小事情累积起来就可以形成天翻地覆的改变。生活中，我们要与人为善，从日常小事做起，不因善小而不为。

第七，守时。对多数人来说，他们拥有的时间，远远少于他们可以支配的收入，因此关心他们，不浪费他们的时间，对他们来说是一份珍贵的礼物。通过守时、高效的行为，节省他人和自己的时间，会为他人创造更多的价值，实现共赢。

2 不要让仇恨心理扼杀了你

很多人都说过，世上最可怕的不是抢劫，不是杀戮，不是死刑，而是人与人之间相互憎恨的情感，是人的仇恨心理。的确，仇恨作为黑暗邪恶的一种情感，破坏了人与人之间的关系，甚至葬送了不可胜数的生命，也吞噬了人们的健康。

一个年轻人在一家酒馆里痛饮着，好像要在1天中把一生的酒都喝光似的。酒馆服务员有些不安，就试探着问他："先生，您怎么喝了这么多酒啊？"

年轻人说："我今天要喝个痛快，一会儿我要做一件积压在心里很久的事。"

服务员不解地问："什么事啊？"

"我天生驼背，有一个十分讨厌的家伙，每次遇到我都会在我背上重重地拍一巴掌，这让我感觉很不舒服。我告诉过他很多次了，别这么做，可他就是不听。现在，我已经在自己的后背上暗藏了一个炸药包，过一会儿，我就要去找他，等他再拍我的时候，肯定会把手炸个稀烂！"他很解气地说。

服务员吓得目瞪口呆，说道："啊！那你不是也被炸死了吗？"

"无所谓，只要能看到他的手被炸得稀烂，我就高兴。"

看了上面的故事，也许我们会笑他愚蠢至极。不过回过头来想一想，我们是否也常常做出这种害人又害己的事情呢？当我们受到外界或他人的伤害后或者外界满足不了我们的某种欲望时，我们的心中是否也曾产生过这样一种报复心理呢？仇恨就像一把双刃剑，在刺伤别人的同时，也会伤到自己。

报复心理是指以幻想甚至计划以攻击的方式，对那些曾给自己带来伤害或不愉快情绪的人发泄不满情绪的一种心态。

在日常生活中，以下两种性格的人容易产生报复心理。一种是"闷罐子"型，这类人往往心胸狭窄、嫉妒心强，遇到挫折后，对领导、同事产生敌对情绪和报复行为。另一种是"炮筒子"型，这类人遇事激动，脾气火暴、性情急躁，凡事急急匆匆、争强好胜，容易动气，遇事不能冷静下来，易产生过激的报复心态。

让人产生报复心理的原因很多，主要有以下几个方面：

（1）个人的物质、精神需求得不到满足，又不能正确对待时容易产生报复心理。

（2）遭到领导、朋友及亲人的善意批评时，认为他人和自己"过不去"，产生极端情绪。

（3）在婚恋生活中出现问题，由于争吵、分手，感到被蒙骗、被耍弄、被抛弃，且难以排解不良情绪。

（4）在与别人发生矛盾时，不能正确处理矛盾。

（5）遭遇不公正对待或遭遇突发事件而承受不住打击时产生报复心理。

（6）朋友遇"难"时出于哥们儿义气，为其"两肋插刀"，或亲人受辱的情况下为其讨要"公道"。

仇恨是人性中的一处心理死结。它就像盘踞在人们心中的一条毒蛇，当人能控制它时，它就不会带来危害，可一旦它失去控制，就会给人带来致命的伤害。

（1）报复心理是使人走向犯罪深渊的原因之一。人的行为都是由意识支配的，报复心理发展到不可控制的地步，常常会使人失去理智，导致犯罪，后果极其可悲。

英国哲学家培根说，运用违法手段报复他人，将使你的仇人占两次便宜。第一次是他冒犯你时，第二次是你因为报复他而被惩罚时。尽管培根所说的报复行为与我们所说的报复行为有所不同，但我们仍可以从中悟出一个道理，那就是以违法行为实施报复者必然自食其果。

（2）报复心理是影响人身心健康的原因之一。当一个人的心里积累了过多戾气后，他就会做事偏激、易怒，却又胆小、思维混乱、精神紧张而缺乏安全感。人是一个身、心健康不可分离的整体，对于一个健康的个体来讲，应该同时兼顾这两方面。心理是人类行为的主宰，只有健康的心理才能产生健康的行为，才能使人拥有一个幸福的人生。所以，每个明智的人，都应该选择一条通往心理健康之路。

在生活中，人们总会遇到很多不如意的事，在与人发生矛盾时，难免有"以其人之道还治其人之身"的心理。这样做不但不会给自己带来好处，还很可能触犯法律，引发悲剧。

怎样消除自己的报复心理呢？

（1）拓宽视野，增长见识。俗话说，壶小易热，量小易怒。一个见多识广的人，不会为眼前的得失而感到迷惑和愤怒，也不会为了生活中的小事而激动。把时间花在增长见识上，就不会把别人对自己的偏见与评价放在心上，自然也就消除了报复心理。

（2）用宽容淡化仇恨。释迦牟尼说："以恨对恨，恨永远存在；以爱对恨，恨自然消失。"当仇恨充斥着我们的内心时，我们应该懂得用宽容去化解一切怨恨，让大家都生存在宽容的阳光下和清风中。

（3）学会换位思考。在人际交往中，不可能没有利害冲突。我们在遭遇挫折或感到不愉快时，不妨进行一下心理换位，将自己置身于对方的境遇之中，想想自己会怎么办。只有设身处地、以心换心，才能真正理解他人，从而摒弃报复心理。

（4）多考虑报复的危害性。当我们想要报复他人的时候要先想一想：这种"图一时之快"的行为，会不会使自己同样受到伤害？自己会不会受到社会舆论的谴责？会不会触犯法律？须知，欲加害于他人的人，最终也会害了自己。

每个人受到伤害以后，都会想方设法减轻自己的痛苦，这是人的生存本能，无可厚非。可是，把自己的痛苦加倍放大，然后转嫁到别人身上去的报复心理是极端有害的，这样不仅无法挽回自己所受的损失，而且还会赔上自己的健康、幸福甚至是生命。所以，我们必须消除这种不健康的心理，通过加强自身修养来开阔心胸、提高自制能力，让自己充满正能量地生活。

3 控制自己，把握人生

在通往成功的路上，很多人失败其实并不是因为缺少机会，或是因为资历浅，而是因为缺乏对自己情绪的控制。愤怒时，不能遏制怒火，使周围的合作者望而却步；消沉时，放纵自己、萎靡不振，把许多稍纵即逝的机会白白浪费掉了。

上帝要毁灭一个人，必先使他疯狂，因此我们必须学会控制自己，这样才能把握人生。

富兰克林的侄子波特是一个聪明的年轻人，他很想在各个方面都出类拔萃，尤其想成为一名大学问家。可是，许多年过去了，波特什么都懂一些，学业却没有长进。他很苦恼，就去向富兰克林求教。

富兰克林想了想说："咱们去登山吧，到了山顶你就知道该如何做了。"

山上有许多晶莹的小石头，煞是迷人。每见到波特喜欢的石头，富兰克林就让他装进袋子里背着。很快，波特就吃不消了。

"叔叔，再背，别说到山顶了，恐怕连动也不能动了。"他疑惑地望着叔叔。

"是呀，那该怎么办呢？"富兰克林微微一笑。

"该放下。"

"那为什么不放下呢？背着石头怎么能登山呢？"富兰克林笑了。

波特一愣，顿时明白了。

从此以后，波特一心做学问，进步飞快，终于成就了自己的事业。

其实，人要有所得必会有所失，只有学会放弃，才有可能登上人生的高峰。

一个人要成就大的事业，就不能随心所欲、感情用事，应有所克制，这样才能使欲望得到抑制，不致铸成大错。哪怕是对自己的一点小的克制，也会使人变得强而有力。德国诗人歌德说："谁若游戏人生，他就一事无成，不能主宰自己，永远是一个奴隶。"要主宰自己，必须对自己有所约束、有所克制。

除了克制自己的欲望，自制能力还表现为在日常生活和工作中善于控制自己的情绪和约束自己的言行。一个意志坚强的人是能够自觉地控制和调节自己言行的。如果一辆汽车只有发动机而没有方向盘和刹车系统的调节，汽车就会失去控制，不能避开路上的各种障碍，就有撞车的危险。一个想要有所成就的人，如果缺乏自制力就等于失去了方向盘和刹车系统，必然会"越轨"或"出格"，甚至"撞车""翻车"。一个人在完成自己工作的过程中，必然要接触各种各样的人，处理各种各样复杂的事，其中有顺心的，也有不顺心的，有顺利的，也有不顺利的，有成功的，也有失败的，如果缺乏自制能力，放任不管，势必因失败而挫伤积极性，或者因小失大，后悔莫及。这样，当然很难驾车到达目的地了。因此，我们必须善于克制自己，使自己的言行不出格。

怎样才能培养自己的自制力呢？

（1）尽量保持理智。对事物认识得越正确、越深刻，自身的自制能力就越强。比如，有的人遇到不称心的事，动辄发脾气、训斥谩骂，而有的人却能冷静对待。为什么呢？古希腊数学家毕达哥拉斯说："愤怒以愚蠢开始，以后悔告终。"失去对自己言行的控制，最根本的原因在于对这种粗暴作风的危害性缺乏深刻的认识。当我们对自己的感情和言行失去控制时，就可能造成不良影响。

法国著名作家小仲马年轻时爱上了巴黎名妓玛丽·杜普莱西。玛丽原本是个农家女，为生活所迫，不幸沦为娼妓。小仲马被她娇媚的容颜倾倒，想把她从堕落的生活中拯救出来，可她每年的开销需要 15 万法郎，光为了给她买礼品及各种零星花费，他就欠下了 5 万法郎的债。他发现自己已面临可能毁灭的深渊，理智终于战胜了感情，他当机立断，给玛丽写了绝交信，结束了和她的交往。后来，小仲马根据玛丽的身世写了一部小说——《茶花女》，该小说轰动了巴黎。

（2）培养坚强的意志。教育家马卡连柯说过："坚强的意志——这不但是想什么就获得什么的本事，也是迫使自己在必要的时候放弃什么的本事……没有制动器就不可能有汽车，而没有克制也就不可能有任何意志。"因此，反过来也可以说，没有坚强的意志就没有自制能力。坚强的意志是自制能力的支柱。意志薄弱的人，就好像失灵的闸门，不可能对自己的言行起到调节和控制作用。

（3）学会取舍。一个人下棋入了迷，打牌、看电视入了迷，都可能影响工作和学习。毅力，可以帮助我们控制自己，果断地取舍。毅力，是自制能力的表现。列宁是一个自制能力极强的人，他在自学大学课程时为自己安排了严格的时间表：每天早饭后自学各门功课；午饭后学习马克思主义理论；晚饭后适当休息一下，然后读书。他之前最喜欢滑冰，但考虑到滑冰容易使人疲劳，使人想睡觉，影响学习，就果断地不滑了。他本来喜欢下棋，一下起来就会入迷，难分难舍，后来感到太浪费时间了，就毅然戒了下棋。滑冰、下棋看起来都是小事，是个人的一些爱好，但要控制这些爱好，没有果断性就办不到。我们常常遇到这样一些人，嘴上说要戒烟，但戒了没几天就又开始抽了。什么原因呢？主要就是缺乏毅力。没有毅力，自制的效率就不高。可见，要具有强有力的自制能力，必须伴以顽强的毅力。

4 让自己远离愤怒

我们在生活中并不会时时受到那些繁杂的琐事的困扰，但一定会经常因一些烦琐的小事而影响心情。轻易击垮人们的并不是那些所谓的灭顶之灾，往往是那些微不足道的极细微的小事，它们左右了人们的思想，改变了人们的意志，最终让大部分人一生一事无成。

　　愤怒在某些情况下是人的一种自然的反应，但并不是在每一种情况中都要如此反应。我们所处的社会是靠彼此的合作和帮助才得以维持的。我们必须经常控制情绪。重要的是，我们要承认别人与自己都有情绪存在，但是我们不能拿它当借口，每次有什么不满，就无所顾忌地发泄出来。这样做只是徒劳，有时还会得不偿失，没有任何意义。生活是忙忙碌碌的，所以人们要弄清哪些是无须劳神的琐事，然后果断地将那些无益的小事抛弃，没有必要去过多关注它们。

　　一位刚毕业的大学生，花费了很大精力找到了海上油田钻井队的一份对口工作。在海上工作的第一天，领班要求他在限定的时间内登上几十米高的钻井架，把一个包装好的漂亮盒子送到顶层的主管手里。他拿着盒子快步登上高高的、狭窄的舷梯，气喘吁吁、满头是汗地到达顶层，把盒子交给主管。主管只在上面签下自己的名字，就让他把盒子给领班送回去。他又跑下舷梯，把盒子交给领班，领班也同样在上面签下自己的名字，让他再送给主管。他看了看领班，犹豫了一下，又转身登上舷梯。当他第二次登上顶层把盒子交给主管时，浑身是汗、两腿发颤，主管却和上次一样，在盒子上签下名字，让他把盒子再送回去。他擦擦脸上的汗水，转身走向舷梯，把盒子送下来，领班签完字，让他再送上去时他有些愤怒了，他看看领班平静的脸，尽力忍着不发作，又拿起盒子艰难地一个台阶、一个台阶地往上爬。当他上到顶层时，浑身都湿透了，他第三次把盒子递给主管，主管看着他，"傲慢"地说："把盒子打开。"他撕开外面的包装纸，打开盒子，里面是两个玻璃罐，一罐咖啡，一罐咖啡伴侣。他愤怒地抬起头，双眼愤怒地盯着主管。主管又对他说："把咖啡冲上。"年轻人再也忍不住了，他一下把盒子扔在地上，吼道："我不干了！"说完，他看着扔在地上的盒子，感到心里痛快了许多，刚才的愤怒全被释放了出来。这时，这位"傲慢"的主管站起身来，直视着他，说："刚才让您做的这些叫作极限训练，因为我们在海上作业，随时会遇到危险，所以要求队员一定要有极强的承受力来承受各种考验，这样才能完成海上作业任务。前面三次考验你都通过了，可惜，只差最后一点点，你没有喝到自己冲的咖啡。现在，你可以走了。"

有时，我们的愤怒情绪将会阻碍我们前进。成大事者是不会被愤怒情绪左右的。在关键时刻，不能让怒火左右我们的理智，不然我们会为此付出惨痛的代价。在现实生活中，也不乏因生气、盛怒而身亡者。俗话说："一碗饭填不饱肚子，一口气能把人撑死。"承受痛苦压抑了人的快乐，但是我们在承受常人承受不了的痛苦之后，会在某个方面有所突破，实现最初的梦想。可惜，许多时候，我们总是差那一点点，因为一点点的不顺而怒火中烧，这也正是很多年轻人的缺陷，一点小事都承受不了，最后的结果只能是丢了自己的工作。

"人生一世，草木一春"，人生短短几十年，何不让自己活得快活一点、潇洒一点，何必整天为一些鸡毛蒜皮的小事生闷气呢？如果遇到被人中伤或误解的事，气量大一点，装装糊涂，别人生气我不气，一场是非之争就会在不知不觉中消失，我们也落得潇洒，而等到最终水落石出时，别人还会更加敬重我们。

宋朝初年，有一位名叫高防的名将，他的父亲战死沙场，他在 16 岁时被澶州防御使张从恩收养，后来做了军中的判官。有一次，一个名叫段洪进的人偷了公家的木头打家具，被人抓获。张从恩见有人在军队偷盗公物，不觉大怒，为严肃军纪，下令要处死段洪进以警众人。情急之时为了活命的段洪进编造谎言，说是高防让他干的。本来这件事不至于被判死罪，张从恩对段洪进的处理有些过火，高防准备为其说情减罪，但现在自己已被牵连进去，失去了说话的机会，还蒙上了不白之冤，能不气吗？但转念一想，段洪进出此下策也是出于无奈，高防想到自己与张从恩的私交，认为应承下来虽然自己名誉受损，但能救下段洪进的性命也是值得的。所以张从恩问高防段洪进所言是否属实时，高防就屈认了，结果段洪进免于一死，可张从恩从此不再信任高防，并把高防打发回家。高防不做任何解释，便辞别恩人独自离开了。直到年底，张从恩的下属彻底查清了事情真相，人们才明白高防是为了救段洪进一命，代人受过。于是张从恩派人把高防请回军营任职，从此更加信任高防。云开雾散之后，高防不但没有丧失自己的生存空间，而且获得了更多人的尊重。

现实生活中，令人生气的事随时可能发生，但作为一个有头脑的冷静之人，为了更好地、安宁地生活和工作，就需要理智地处理各种不愉快，控制愤怒，如果不忍，任意地放纵自己的感情，首先伤害的是自己。如果我们的对手、仇人，有意气我们、激我们，我们不忍气制怒，不保持头脑清醒，就容易被人牵着鼻子走，到头来落个得不偿失的下场，比如三国时的周瑜。所以孔子云："一朝之忿，忘其身以及其亲，非惑欤？"因一时气愤不过，就胡作非为起来，这样做显然是很愚蠢的。愤怒，体现的是不理性。人愤怒到极限时，最容易丧失理性，说出本来不该说的话，做出本来不该做的事。所以我们要学会控制自己的情绪，不要随意发怒。

一个易于愤怒、不善于自控的人，不妨设立一本愤怒日记，记下自己每天的愤怒情况，并在每周做一个小总结。这样，易愤怒的人就会认识到什么事情经常使自己愤怒，了解处理愤怒的合理方法，从而逐渐学会正确地疏导自己的愤怒。

5 把控自己的情绪

星移斗转，我们不能控制；股市走向，我们不能控制。我们唯一能控制的只有自己，只有控制了自己，把控自己的情绪，才能掌握自己的命运。

曾有人对各监狱的成年犯人做过一项调查，发现了一个事实：这些不幸的犯人之所以沦落至此，有 90% 的人是因为缺乏必要的自制能力。可见，缺乏自制力也是导致走向犯罪的一个不可忽视的重要因素。

要想做个"平衡"的人，必须使自己身上的热忱和自制力相对平衡。

缺乏自制力是职场人士最具破坏性的缺点之一。甲方说了几句乙方不愿意听到的话，乙方如果缺乏自制能力的话，就会立即针锋相对，用同样的话进行反击，而最后的结果是两败俱伤。

人们的物质生活一天天好起来，浮躁的人一天天多起来。青年张某，大学毕业后不久便凭着自己的勤奋和才智走上了领导岗位，当上了技术部的副部长，而女朋友的年轻貌美更使他春风得意、喜上眉梢。后来，因为一次工作上的失误，他受到了降职的处分。正当他为事业上的挫折而痛苦之时，曾经钟情于他的女友也与他分道扬镳。他懊恼，愤怒，愤怒得不能自制，以致对女友实施了报复，自己也锒铛入狱。

这位青年连遭事业和爱情的挫折，固然令人同情，但如此失去理智的行为，不仅破坏了他人的幸福，也断送了自己的前程。这本不应该发生的悲剧何以发生了呢？从心理学的角度来看，是因为他失去了自制力。

自制力，是一个人善于控制自己情感、约束自己言行的品质。对盲目冲动和消极情绪的高度克制，善于排除身体内外的干扰，坚决采取理智的行动，是这种品质的集中表现。

在生活中遇到突发状况时你会发脾气吗？你能分辨什么时候可以发脾气、什么时候不应该发脾气吗？如果你在路上行走时，别人开车从你身边呼啸而过吓你一大跳时，你是否会破口大骂呢？很多人可能会因此发脾气，甚至为此一天都不高兴，但对方却可能早已高高兴兴地参加聚会去了。

为了化解这样的不良情绪，我们不妨以风趣、温和的态度对待，然后一笑置之。

忍住不发脾气并不代表毫无原则地退让。比如，当自己的孩子念书时，隔壁的音响开得很大声，我们如果只是忍耐，不去维护权益，结果会如何呢？在这种情况下，我们忍耐，就等于纵容别人做不该做的事情。

在生活中，我们感知周围的事物，形成自己的观念，做出自己的评价、判断及决策等，无一不是通过我们的心理世界来进行的。只要是经由主观的心理世界来认识和观察事物，就不可避免地会使我们对事物的认识和判断产生偏差，受到非理性因素的干扰和影响。即使是烦琐小事，投射到我们的心理世界时，也可能变得极其复杂和丰富。

在这个世界上，影响我们认知准确性的因素很多，如知识的局限、经验的缺乏、认知观念的偏差、感官的限制等。其中，影响最大的因素是情绪的介入和干扰。

生活中常见的非理性因素有以下几种：

（1）嫉妒。嫉妒使人心中充满恶意。如果一个人在生活中产生了极端的嫉妒情绪，那么他将生活在阴暗的世界里，不能在阳光下光明磊落地说话做事，而是面对别人的成功嫉妒得咬牙切齿。嫉妒的人首先伤害的是自己，因为他不是把时间、精力和生命放在积极进取上，而是放在日复一日的蹉跎之中。同时嫉妒也会使人变得消沉或是充满仇恨。如果一个人变得消沉或是充满仇恨，那么他距离成功也就会越来越遥远。

（2）愤怒。愤怒使人失去理智思考的机会。在许多场合，不可抑制的愤怒使人失去了解决问题和冲突的良好机会。而且，一时的愤怒，可能意味着之后要付出高昂的代价来弥补损失。更为严重的是，在实际生活中，愤怒导致的损失往往是无法弥补的。我们可能因此失去一位好朋友，失去一批客户；我们在领导眼里的形象可能因此受到损害，别人也因此开始对与我们的合作产生疑虑。

人在愤怒的情绪支配下，往往不顾及别人的尊严，严重地伤害别人的自尊。损害他人的物质利益也许并不是太严重的问题，而损害他人的感情和自尊却无异于自绝后路、自挖陷阱。如果我们心中的梦想是渴求成功，那么，愤怒就是一个不受欢迎的敌人，我们应该彻底把它从自己的生活中赶走。

（3）恐惧。过分的担忧可能导致恐惧，而恐惧使人逃避、躲藏，而不是迎接挑战、解决困难。

对某些事物的恐惧情绪，可能来自缺乏自信。一次失败的经历或尴尬的遭遇都可能使人变得恐惧。比如，某人曾在公众面前语无伦次地演讲，他可能从此惧怕演讲。这无疑使他在生活中少了许多机会，如本来可以通过一番演说获得成功的机会将从指缝里溜走。

恐惧的泛化还可能导致焦虑，焦虑情绪甚至比恐惧还要糟糕。有些人把焦虑情绪形容为"热锅上的蚂蚁"，这个比喻相当准确，也相当形象。产生恐惧情绪后不想方设法加以控制和克服，相当于默认自己是个怯懦的失败者。

　　成功的路途上小小的失败就令我们望而却步、驻足不前，那么，成功后可能面临的更大的挑战，我们又如何能应付得了呢？

　　（4）抑郁。成功路途中最可怕的敌人还有抑郁。别的消极情绪是成功路上的障碍，使成功之路变得漫长和艰险，而抑郁则会使我们在成功路上南辕北辙。

　　克服别的情绪问题可能只是修养和技巧的问题，而克服抑郁却相当于一项庞大的工程，它需要彻底改变：认知、态度、性格、观念。

　　一个追求成功的人如果患上抑郁，那么即使有成功的机会他也抓不住。因为成功带给他的不是喜悦，不能使他兴奋起来，他沉浸在自己的琐碎体验里不能自拔。抑郁者仿佛是一个驮着壳的蜗牛，只不过束缚他的壳是无形的。

　　抑郁者宛若置身于一个孤独的城堡中，他出不来，别人也进不去。著名文学家、抑郁者卡夫卡曾这样形容他的抑郁体验："在我的周围围着两圈士兵，他们手执长矛。里面的一圈士兵向着我，矛尖指着我；外面的一圈士兵向着外面，矛尖指着外面。他们这样密不透风地围着我，使我出不去，外面的人也进不来。"

　　（5）紧张。紧张可能是因为缺乏经验或准备不足。适度的紧张能使我们集中精力，不致分神；但过度的紧张却会使我们长期的准备工作付诸东流。本来设想和规划得很好的语言和手势，一紧张便被忘得一干二净了。过分的紧张使人变得幼稚可笑——脸色发白，或脸涨得通红，双手和嘴唇颤抖不已，头上冒冷汗，心跳加速，甚至心悸，呼吸急促，语无伦次。这样的情形使我们宛若一个撒谎的幼童。

　　一个成功者，也许一直都有些紧张的情绪，他之所以成功，是因为他已经学会了如何控制紧张情绪。美国历史上著名的总统林肯，当众演讲时始终有些紧张，可是他知道如何控制和巧妙地掩饰紧张，不让台下的观众看出来。

（6）狂躁。狂躁者容易给人一种假象，仿佛他精力充沛，说话和做事都那么富有感染力。初次接触这类人时，许多人都会产生错觉，以为他们具有活力并使人感动。可是随着时间的推移和了解的加深，我们就会发现，狂躁没有任何意义。他们的谈话没有深度，行事缺乏条理性和计划性，转眼就会忘记自己说过的话，别人交代的任务他们也不会认真对待。

狂躁的情绪容易使人陶醉，因为它令人自我感觉良好。狂躁者会显得雄心勃勃，似乎要追随后羿去把最后一颗太阳也射下来。狂躁和抑郁其实是两种极端的情绪：狂躁是极度兴奋，而抑郁是极度抑制。有一种精神疾患就叫作"狂躁－抑郁症"。

（7）猜疑。猜疑是人际关系的腐蚀剂，它可以使触手可及的成功机会毁于一旦。

莎士比亚在他著名的悲剧《奥赛罗》里面，十分生动而深刻地刻画了猜疑对成功的腐蚀。爱情因为猜疑而使双方产生隔阂，合作因猜疑而导致当事人不欢而散，事业因猜疑而一筹莫展。对成功路上艰苦跋涉的追求者来说，猜疑将是一个随时可能吞没其整个宏伟事业的陷阱。因为我们的猜疑可能随时被别人利用，而被蒙在鼓里的我们还浑然不觉。其实，只要我们细加分析，就不难发现猜疑是多么没有道理和破绽百出。

猜疑的根本原因是缺乏沟通，许多猜疑最终都被证明是误会。如果相互之间的沟通顺畅，那么猜疑的"真菌"就无处生长。

猜疑的另一个原因是对自己的控制能力缺乏足够的自信。为什么会猜疑？因为担心自己的利益受到损害，而这种担心显然是由于对自己控制局面的能力信心不足。

6 停止抱怨，品尝生活

人在翻越了千山万水后，发现自己虽然满脚泥泞，可是闻到了满身的花香。那么，我们又何必去抱怨自己所吃的苦、所受的伤呢？走完一段泥泞的路后，再回过头去看看我们走出的每一个足迹，我们就能在深深浅浅的足迹中寻找到值得我们记忆的故事。

小飞蛾在玩耍的时候看到了一只漂亮的蝴蝶，小伙伴们都非常喜欢蝴蝶，还热情地邀请她一起玩。回家后，小飞蛾向母亲抱怨说："为什么我们就不能像蝴蝶一样有着美丽的外表呢？你看，人们总是比较喜爱它们，这真是不公平。"

飞蛾妈妈充满怜爱地对它说："亲爱的孩子啊，在整个大自然生态之中，我们扮演的角色十分重要，我们所担负的责任，也不是其他生物可以担负的。我们多半是在夜间活动，那些夜晚开花的植物，需要靠我们传播花粉，所以美丽的外衣对我们而言并不重要，重要的是我们尽了自己的职责，对整个大自然有所贡献，你应该为此感到骄傲才对呀！"

享受自己的生活，不要与别人做比较。虽然有些事情我们无法改变，但我们可以改变自己的心态。如果我们总是羡慕别人、看轻自己，那么我们的人生将是何等乏味与痛苦。乐于接受自己、肯定自己的人，才会得到快乐。

一天，百兽之王老虎来到了天神面前，说道："我很感谢你赐给我如此雄壮威武的体格，如此强大无比的力气，让我有足够的能力统治这整片森林。"

天神听了，微笑地问："但是这不是你今天来找我的目的吧！看起来你似乎正因一件难以解决的事而困惑。"

老虎轻轻哼了一声，说："天神真是了解我啊！我今天来的确是有事相求。因为尽管我的力量很大，但是每天鸡鸣的时候，我总是会被它的打鸣声给吓醒。神啊！祈求您再赐给我一些力量，让我不再被打鸣声吓醒吧！"

天神笑道："你去找大象吧，它会给你一个满意的答复。"

老虎兴冲冲地跑到湖边找大象，还没见到大象，就听到大象跺脚时发出的"砰砰砰"的响声。

老虎问大象："你为什么发这么大的脾气?"

大象拼命摇晃着大耳朵，吼道："有只讨厌的小蚊子总是钻进我的耳朵里，害我都快被痒死了。"

老虎心想：原来体形这么庞大的大象，也怕那么弱小的蚊子，那我还有什么好抱怨的呢? 毕竟鸡鸣也不过一天一次，而蚊子却时时刻刻都在骚扰着大象。这样想来，我可比大象幸运多了。

老虎一边走，一边回头看着仍在跺脚的大象，心想：天神要我来看看大象，应该就是想告诉我，谁都会遇上麻烦事，而它并不可以帮助所有人。既然如此，那我只好靠自己了！以后鸡鸣时，我就当作鸡在提醒我该起床了。

在漫长的人生道路上，不如意之事十有八九。如果我们因为这种种不称心的事情而心灰意懒、备受煎熬，那么人生还有什么滋味可言呢? 既然不可避免的事实已摆在我们的面前，不如放宽心胸，坦然地去接受。

　　探险家艾迪·雷根伯克迷失在太平洋里，在救生筏上漂流了整整21天才获救，他因此学到的最重要的东西就是：如果你有足够的水可以喝，有足够的食物可以吃，就绝不要抱怨任何事情。是的，我们有足够的水喝，也有足够的食物吃，还有什么好抱怨的呢？只管尽情地享受我们的生活，停止抱怨吧！

　　不要抱怨生活，尽管我们会遇到很多不如意，可是如果没有秋风的无情，又怎么能有来年的绿叶成荫；不要抱怨生活，只要我们默默地忍受，终将拨云见日；不要抱怨生活，尽管生活中有太多的辛酸，但不经历风雨，又怎能见到彩虹？

7 自强不息，拯救落魄中的自己

　　面对挫折、困境时，每个人都会有不同程度的失望，甚至会产生绝望的念头，对生活失去信心，但成大事者总是能设法将自己从这种落魄中拯救出来。

　　5岁的张海迪被医院确诊为患有脊髓血管瘤之后，父母不忍心看着年幼的孩子就这样倒下去、成为残疾人，他们千辛万苦背着张海迪走南闯北，访遍天下名医。医生都非常可怜这个聪慧伶俐、才智过人的孩子，只要有一线希望，他们也想尽最大的努力。在北京，医生想给张海迪做脊椎穿刺手术；但见她柔柔弱弱的，又怕她承受不了那份痛苦。把长长的针头刺进骨髓里，其痛苦是可想而知的，意志薄弱的成年人也忍受不了，何况是一个娇娇嫩嫩的孩子！

　　面对医生的犹豫不决和父母的举棋不定，张海迪张着小嘴坚定地说：

"阿姨、叔叔，不要紧，扎针我不怕，挨刀我也不怕，你们把我的病治好吧，长大后我要当舞蹈演员，当运动员……"见小姑娘这般刚强，在场的人都鼻子酸酸的。多好的孩子啊，多么刚强的姑娘啊！

脊椎穿刺手术开始了。细细的、长长的针，穿过张海迪的皮肤直刺她的脊髓。针尖每前进一分，张海迪的身子都要像触电似的猛地抽搐一下。张海迪咬着嘴唇，额头上滚着豆粒般的汗珠。医生的手颤抖着，进针的速度慢了。站在一边的妈妈不忍看这情景，慌忙跑到门外，独自痛苦地呜咽。针扎在女儿身上，却似穿着她的脊髓。"妈妈，您干什么呀？您别哭，我不痛，一点也不痛。"小海迪勉强咧开嘴微笑了一下。见此情景，妈妈用袖口抹抹发红的眼睛，脸上也不自然地露出了笑容。

少年时代的无数次治疗，尽管没有从根本上解决张海迪的病痛，但在战胜一次次折磨的过程中，张海迪学会了在病痛来临的时候选择坚强，这已成为她人生的宝贵财富。

当你尝试着选择坚强、面对光明，阴影就会逐渐离你而去。

张海迪知道自己的身体条件是无法与别人相比的，因此要想有一番作为，使自己的人生变得充实、丰富，就必须利用一切机会充分发挥自己的优势，坚持不懈地挖掘其他人不具备的成功因素。在某一点上的不足，并不等于自己一无是处。只要你能够紧紧地抓住某一闪光点，你就可能以点带面、以面促点地获得总体突破的机会。

当自身的条件不如别人的时候，要想有一番作为，更需要努力挖掘其他人不具备的成功素质，以求找到突破的机会。当普通人认为书籍是"乌七八糟"的东西时，张海迪却千方百计地寻找着它们，然后徜徉在知识的海洋里。被重病缠身的张海迪根本就没有条件像正常人一样跨进学校的大门，但她具备在当时的条件下许多普通人没有的素质：渴求知识、热爱书籍。在对知识的追求过程中，张海迪逐渐弥补了未能上学的劣势。她的努力完全是发自内心的，是一种自觉自愿的行动，它的力量不知要比被动式的读书、求知大多少倍，这也是张海迪能够获得许多正常人也难企及的成就的重要原因。

挫折是每个人的生活中不可避免的，一个人的生活目标越高，就越容易遭受挫折。挫折对弱者来说是人生的重大危机；而对强者来说则是获得新生的绝好机会，他们会要求自己战胜挫折，把自己锻炼得更加成熟和坚强。如果说生命是一把披荆斩棘的"刀"，那么挫折就是一块不可缺少的"砥石"。为了使青春的"刀"更锋利些，有志者应该勇敢地面对挫折的磨炼。

全家人从农村返回莘县县城后，张海迪最想要的就是工作，她盼望能早日成为自食其力的人，但由于身体条件所限，张海迪一直待业在家。为此，她曾到处写信，反映残疾人生活与工作的困难，可是一封封信都像泥牛入海。张海迪的情绪跌入了谷底，特别是当她无意间发现了自己的病历卡"脊椎胸五节，髓液变性，神经阻断，手术无效"时，正被失业困扰的张海迪甚至萌发了轻生的念头。

后来在家人的帮助下，张海迪的情绪逐渐稳定了下来。她分析了问题的根源：自己绝望的念头是在空虚、闲散、无所事事的情况下产生的。过去在尚楼村，自己怎么会觉得生活是那样充实呢？那时，自己的下肢不一直是瘫痪的吗？眼下，自己的大脑和双手依然健在，自己有什么理由因躯体的局部残废而毁掉健全的部分呢？她在心中暗暗地发誓："病魔把我变成了残疾人，我偏不屈服，我要和病魔抗争。"

张海迪仔细回顾了自己在尚楼村行医的经历，可以说是热情多于科学，自己对不少疾病的发病原因不甚明了，治好病带有偶然性，治不好围于盲目性。

她不满足于对确定的病症仅限于针灸治疗，她下决心学习诊断和药物学。于是，她开始阅读大量的医学专著。读文学作品易，读专业书难，读医药书籍更难，何况张海迪还是个残疾人。张海迪的脊椎，历经了几次大手术，已严重变形，呈"S"形。为了减轻脊椎的压力，张海迪看书时必须将身体俯在桌子上，用双肘支撑起整个身体的重量，久而久之，张海迪的肘关节处形成了厚厚的老茧，书桌先是油漆脱落，后来竟留下了两个大坑。张海迪艰难地摊开几本医学专用词典、参考书，来回地翻动，几分钟才弄懂一段文字，半天看不完一页书。一步三回头，三步一停留，阅读之艰难，真像登山运动员向主峰攀登，每前进一寸，都要调动全身的力量！

为了获得实践经验，张海迪开始解剖动物，做各种生理实验。看见妈妈买回来的猪内脏，张海迪就找来了爸爸刮胡子用的刀片，一点一点、一丝一丝地切着，研究心、脾、肺、肾的结构，分析胃、胆、肠、胰之间的联系。有好几回，经张海迪之手的猪内脏，都被弄得稀烂，像切碎的肉馅一样。为了弄明白动物肌体的功能，她解剖过活家兔；为了弄清动物的神经效应，她让朋友们捉些滑溜溜的活青蛙做标本。家里每次杀鸡、宰鹅她都不放过机会，认真解剖。

知识给张海迪插上了翅膀，她在学习医学知识的道路上一点点地前进着，张海迪也从失业的绝望中重新站了起来。

每个人在一生中都会遇到这样那样的困难和痛苦，它们既可能来自肉体，也可能潜伏在心灵深处。这时候你也许感到自己已经一无所有，只能等待失败的来临；成大事者却总能看到希望；来临的已成现实，而我们却可以选择，只有在精神上屹立、在思想上超脱，才可能从绝境中求得一线生机。一个能够在一切事情都与他相背时仍然选择坚强的人，必定是非凡的，因为这一坚强中包含着非同一般的因素，这一坚强是普通人无法做到的。

8 用积极的心态对待自己的事业和生活

一个人，如果要开创成功的事业，就要抱着必胜的心态去为之奋斗。当我们对事物产生怀疑时，只有一个信念可以帮助我们，那就是期待最好的结果。

众所周知，在这个世界上，卓越而成功的人毕竟是少数的，平庸而失败的人肯定是多数的。卓越而成功的人活得充实、自在、洒脱；平庸而失败的人则过得空虚、艰难、痛苦。那么，情况为什么会是这样的呢？我们仔细地比较成功的人和失败的人的心态，特别是他们在关键时刻的心态后，会十分惊讶地发现：由于每个人心态的不同，其各自的命运与事情的结果将截然不同。

在推销行业中广泛流传着这样一个故事。

欧洲的两个推销员去非洲推销皮鞋。由于天气炎热，当地人一直都赤着脚。第一位推销员看到当地人都赤着脚，立刻失望起来，心想：这些人都赤着脚，怎么会买我的鞋呢？于是他放弃了努力。而另一位推销员看到当地人都赤着脚，则不禁惊喜万分，在他看来：这些人都没有皮鞋穿，这儿的皮鞋市场非常大。于是他想尽一切办法，引导当地人购买皮鞋，最后他满载而归。

我们不难看出，这就是不同的心态所导致的不同结果。同样的市场，同样面对赤着脚的当地人，由于不同的心态，一个人灰心失望，不战而败，而另一个人则满怀信心，大获全胜。

面对同样的机会，积极的心态有助于人们克服困难，发掘自身的潜力，帮助人们到达成功的彼岸；消极的人则会看着机会渐渐远去，却不采取行动。消极心态会使人在关键时刻错失良机。

消极心态与积极心态一样，也能产生巨大的力量。有时候，消极心态产生的力量还有可能大于积极心态产生的力量。我们不仅要最大限度地发挥和利用积极心态的力量，也应该极力抑制消极心态的力量。

一天，一个一文不名的年轻人对他的所有朋友大胆地说："总有一天，我要到欧洲去。"坐在他旁边的朋友一听此话便笑了起来："听听，这是谁在说话呀？"

20 年之后，这个年轻人果然带着自己的妻子去了欧洲。

年轻人当时并没有像其他人那样说："我非常想去欧洲，但我恐怕永远都攒不够钱。"他抱着积极的心态、坚定的希望，这积极的心理暗示和希望给了他极大的动力，促使他为了去欧洲而有所行动。

如果你一开始就说"不行，我承担不起，那笔费用对我来说太多了，我恐怕永远都做不到"，那么，事情一定会像你想的那样，一切都停顿下来。你的希望没有了，你的精神力量也消失了，久而久之，自己就真的会相信事情是不可能办到的。

障碍与机会之间有什么区别呢？区别在于人们对待事物的不同态度。被誉为美国历史上最伟大的总统之一的亚伯拉罕·林肯说过："成功是屡遭挫折而热情不减。"积极的人视挫折为成功的踏脚石，并将挫折转化为机会；消极的人视挫折为成功的绊脚石，让机会悄悄溜走。

看见未来的希望，就会激发起现在的动力。消极心态会摧毁人们的信心，使希望泯灭。消极心态像一剂慢性毒药，吃这剂药的人会慢慢地变得意志消沉，失去动力，离成功越来越远。

消极心态不仅使人想到外部世界最坏的一面，而且使人想到自己最坏的一面。他们不敢企求什么，因而他们的收获往往也很少。遇到一个新的想法或观念，他们的反应往往是："这是行不通的，我们从来没有这么干过。没有这主意大家不也过得很好嘛？我们承担不起风险，再说，现在条件还不成熟。"

也许下面这个故事可以从反面教你这一点。

故事来自美国的一个州，那里是用烧木柴的壁炉来取暖的。有一个樵夫，他给一户人家供应木柴已有 2 年多了。樵夫知道木柴的直径不能大于 18 厘米，否则就不适合这家人特殊的壁炉。

但有一次，他卖给这个老主顾的木柴大部分都不符合规定的尺寸。

主顾发现这个问题后，打电话给他，要他调换或者劈开这些不合尺寸的木柴。

"我不能这样做！"樵夫说道，"这样花费的工价会比全部木柴的价格还要高。"说完，他就把电话挂了。

这个主顾只好亲自去做劈柴的工作。他卷起袖子，开始劳动。大概在这项工作进行了一半时，他注意到有一根特别的木头，这根木头有一个很大的节疤，节疤明显是被人凿开又堵住了。这是什么人干的呢？他掂了一下这根木头，觉得它很轻，仿佛是空的。他就用斧头把它劈开，一个发黑的白铁卷掉了出来。他蹲下去，拾起这个白铁卷，把它打开，吃惊地发现里面包有一些很旧的 50 美元和 100 美元两种面额的钞票。他数了数，恰好有 2250 美元。很显然，这些钞票被藏在这个树节里已经很多年了。这个人唯一的想法是使这些钱回到它真正的主人那里。

他拿起电话，又打电话给那个樵夫，问樵夫从哪里砍了这些木头。

"那是我自己的事。"这个樵夫说，"你别想让我去帮你加工。"樵夫的消极心态维护着他的排斥行为。

主顾做了多次努力，也无法获悉那钱是谁藏在树内的。

事实上，在我们的日常生活中，之所以失败而平庸的人占多数，主要原因就是其心态有问题。一碰到困难，他们总是挑选最容易的办法，甚至退缩，总是说："我不行了，我还是放弃吧。"结果使自己一再失败。成功者却正好相反，他们遇到困难，总是始终如一地保持积极的心态。他们总是以"我要""我能""我一定行"等积极的态度来不断鼓励自己。于是他们便能尽一切可能，不断前进，直至成功。伟大的发明家爱迪生就是这样一个人，他是在经历几千次的失败后才最终成功地发明了电灯的。

成功的人大都以积极心态支配自己的人生，他们始终以积极的思考、乐观的精神来控制自己的人生；失败的人则总是被过去的种种失败和疑虑支配，他们空虚畏缩、悲观失望、消极颓废，因而最终走向了失败。以积极心态支配自己人生的人，总能积极乐观地正确处理遇到的各种困难、矛盾和问题；以消极心态支配自己人生的人，总不愿也不敢积极地解决所面对的各种问题、矛盾和困难。

我们经常听人说，他们现在的境况是别人造成的，环境决定了他们的人生位置。这些人常说他们的想法无法改变客观现实。但事实上不是这样的，他们的境况根本不是周围环境造成的。说到底，自己的人生，完全由自己决定。

维克托·弗兰克尔是第二次世界大战时某集中营的一位幸存者。他说："在任何特定的环境中，人们还有一种最后的自由，那就是选择自己的态度。"

马尔比·D. 马布科克也曾说："最常见同时也是代价最大的一个错误，是我们认为成功有赖于某种天才、某种魅力、某些我们不具备的东西。"

然而，成功的要素其实掌握在我们自己手中。成功是积极心态的结果。我们究竟能飞多高，并非完全由外在的其他因素决定，而是受我们自己的心态所制约的。我们的心态在很大程度上决定了我们人生的成败。

我们怎样对待生活，生活就怎样对待我们。

我们怎样对待别人，别人就怎样对待我们。

在一项任务刚开始时，我们的心态决定了我们最后将有多大的成功。

在任何重要组织中，我们的地位越高，越需要拥有最佳的心态。

当然，有了积极心态并不能保证事事成功，但一直持消极心态的人则一定不会成功。

让我们不断地用积极的心态来对待自己的生活和事业吧！播种积极的种子，必定会收获成功的果实。

9 让宽容成为一种习惯

世界上很少有人天生就有好脾气，但也没有哪个人天生就脾气十分糟糕。

马修·亨利说："我曾经听说，一对大虾的脾气都很急躁，但它们在一起共同生活却相安无事，过得舒适而安逸，因为它们制定了一条共同遵守的原则——一方发怒时另一方就保持冷静和宽容。"

苏格拉底一旦发现自己将要发火时，就会降低声音来控制怒气。你如果意识到自己处于情绪激动的情况下，那么一定要紧闭嘴巴，平心静气，以免变得更加愤怒。许多人甚至会因为过分愤怒而突发疾病。

习惯性的宽容所带来的平静是多么美妙！它能使我们免除多少激烈的自我谴责！一个人面对突如其来的挑衅，能够做到一言不发，表现出一种未受干扰的平静心态，那么他必定不会因愤怒感到后悔，他的心灵会非常安宁。

相反，如果他当时发怒了，那么他会因为当时的愤怒，或者因为自己不小心说错了话，或者表达了内心深处的真实想法，而显得有失风度，事后必定会感到深深的不安。易怒是一个人个性中最大的缺陷之一，往往是激化矛盾的催化剂，会破坏一个人为人处世的原则，使他的个人生活变得一团糟。

阿特姆·沃德说："乔治·华盛顿可以称得上世界上最优秀的人了。他头脑清楚、为人热心、处事冷静。他从来不会突然爆发激烈的感情或者陷入深深的感伤！大多数公众人物的主要缺陷就在于感情的爆发或者情绪波动。他们行事匆忙而草率，压力大的时候往往无所适从。华盛顿从来没有出现过这样的情况，他根本不是那样的人。"

亚伯拉罕·林肯刚成年的时候是一个性急易怒、一触即爆的人。但后来，他学会了宽容，成了一个富有同情心、具有说服力又有耐心的人。他曾经对陆军上校福尼说："我从黑鹰战役开始养成了控制脾气的好习惯，并且一直保持下来，这给了我很大的益处。"

出言不逊从未给任何一个人带来过一丁点儿好处，那只是虚弱的标志。没有人会因为它而变得更富有、更愉悦或更聪明。它从不会使人受到他人的欢迎；它令教养良好的人反感，使善良的人感到厌恶。

著名作家莎士比亚曾经描写了无数情绪的失控造成精神毁灭的例子。

他笔下的约翰王因对权力的欲望逐渐泯灭了高尚的品质，结果沉沦到几近失控的地步，像一头野兽。李尔王则是情绪失控的牺牲品。在麦克白先生那里，野心超越了理智，甚至促使他走上谋杀犯罪的道路，而谋杀后的恐惧、懊悔与自责又立即带来了可怕的后果。而奥赛罗是被自己嫉妒的怒火慢慢毁灭的。许多其他人物的遭遇同样说明了这样的教训：那些不能宽容的人一定会遭到朋友的冷落。

许多名人写下了无数文字来劝诫人们学会宽容。詹姆斯·博尔顿说："少许草率的词语就会点燃一个人、一户邻居或一个民族的怒火，而且这样的事情在历史上常常发生。许多诉讼和战争都是因为言语不和而引起的。"乔治·艾略特则说："如果人们能忍住那些他们认为无用的话不说，那么他们多数的麻烦都可以避免。"

赫胥黎曾经说过这样的话："我希望看到这样的人，他年轻的时候接受过很好的训练，有着非凡的意志力，应意志力的要求，他的身体乐意尽其所能去做任何事情。他应头脑冷静，逻辑清晰，他身体所有的力量就如同机车一样，根据其精神的命令随时准备接受任何工作。"

如果你意识到自己的情绪快要失控了，那么你一定要注意控制自己，以免酿成大错。

10 让自己投入自己喜欢的事情中

汉德·泰莱是纽约曼哈顿区的一位神父。

那天，教区医院里有一位病人生命垂危，他被请去主持临终前的忏悔。他到医院后听到了这样一段话："仁慈的上帝！我喜欢唱歌，音乐是我的生命，我的愿望是唱遍美国。我实现了这个愿望，我没有什么要忏悔的。现在我只想说，感谢您，您让我愉快地度过了一生，并让我用歌声养活了我的 6 个孩子。现在我的生命就要结束了，但我死而无憾。仁慈的神父，现在我只想请您转告我的孩子，让他们做自己喜欢做的事吧，他们的父亲会为他们骄傲的。"

一个流浪歌手，临终时能说出这样的话，这让泰莱神父感到非常吃惊，因为这名歌手的所有家当，就是一把吉他。他的工作是每到一处，把头上的帽子放在地上，开始唱歌。40 年来，他如痴如醉，用他苍凉的西部歌曲感染他的听众，从而换取那份他应得的报酬。

歌手的话让神父想起 5 年前自己曾主持过的一次临终忏悔。那是位富翁，他的忏悔竟然和这位歌手的差不多。他对神父说："我喜欢赛车，我从小研究它们、改进它们、经营它们，我一辈子都没离开过它们。这种爱好与工作难分、闲暇与兴趣结合的生活，让我非常满意，并且我从中还赚了大笔钱，我没有什么要忏悔的。"

白天的经历和对那位富翁的回忆，让泰莱神父陷入思索中。当晚，他给报社写了一封信，在信里写道："人应该怎样度过自己的一生才不会留下悔恨呢？我想也许做到两条就够了。第一条，做自己喜欢做的事；第二条，想办法从中赚到钱。"

后来，泰莱神父的这两条准则，被许多美国人奉为生活的信条：做自己喜欢做的事，生活才能愉快；想办法从中赚到钱，才能获得经济保障，才能维持生活。实现了这两条，在物质和精神生活方面都可算是成功了。

每个人都会有自己喜欢的事情，也许喜欢写作，也许喜欢舞蹈。因为这些爱好，你可以为自己的生活添加滋味，同时也可以借着它实现自己的理想。

对自己感兴趣的工作，我们废寝忘食也会去做，而且并不感到劳累。

这就是喜爱的缘故。不是每个人都可以对着电脑工作一整天，除非特别有兴趣，不然是会令人发疯的。

听音乐是一种享受，但整天在音乐室里是很可怕的；看电影很过瘾，但一天看十部电影会让人崩溃。

看书也是如此，如果让你一天认真阅读十几万字的书稿，你会头晕眼花。可是有人可以，而且乐此不疲。主要是因为他们对这件事拥有浓厚的兴趣。

可是人们经常有个误解，通常以为经历痛苦才能赚钱，辛辛苦苦才叫工作。其实不然，真正赚钱、成功的人，不会是为赚钱而痛苦的人，因为他们做的是自己愿意做的事，是兴趣所在，赚不赚钱对他们来说并不是最主要的，他们只负责让自己快乐。可奇怪的是：钱似乎也喜欢快乐的人，所以他们既快乐又成功！

庾澄庆有一次被采访时说："做让自己快乐的事，才能让别人快乐。"

一位名人曾经说过："一个人一生只能做一件事。"他所说的一件事，实际上就是指某一项宏大的事业。一个人本事再大，精力再多，寿命再长，无论如何也不可能把三百六十行都尝试到，他所做的事情实在是有限的。

因而，一个人要实现人生的价值，就要珍惜这有限的时间，就得选择最适合自己去做的事。不要什么都做，那样的结果是什么都做不好，浪费了时间，徒留悲伤在心中。

11 想得开，看得开

要做到善待自己，就要做到看得开，想得开，珍惜生命，享受生活。

人生在世，不如意事常八九，更何况当今社会物欲横流、世事纷繁。世上没有解不开的结，就怕你看不开，想不开。

善待自己，就是珍惜自己、爱护自己；善待自己，就是善待自己的一言一行、一举一动，也就是"言必信，行必果"；善待自己，就是把自己的才能、潜力最大限度地发挥出来；善待自己，就是对社会、家庭、事业和周围的人负责；善待自己，就是善待生命、善待人生。

王明现在是一家公司的市场部经理，3年前，在外有情人的丈夫和她离了婚，尽管他们已经有了孩子，但王明并未放弃对生活的热爱和对幸福的追求，她自学考研，自修管理专业，还要照顾幼小的孩子，但她说她的生活很充实，至少没有了和丈夫的争吵，没有了对他的气愤。她自信，以实际行动告诉孩子，他有一个自信坚强的母亲。孩子慢慢长大，现在，她每周都带孩子去游乐园玩，有时还请假带孩子旅游几天，孩子也很聪明开朗。最近，她和一位优秀的男士结了婚，现在笑容每天都挂在她的脸上。

王明，可以说是一位坚强的女性，她并未因离婚而自暴自弃，也并未因为孩子小而感觉到有负担，而是作为一个母亲，勇敢承担起做母亲的责任，照顾孩子，发展自己，最终获得了自己想要的幸福。这就是善待自己的典范。

每个人在自己的哭声中来到这个世界，在别人的哭声中离开这个世界，这来去之间，便是生命的历程。我们的生命，相对于漫长的历史之河而言，只是短暂的一瞬间，而相对于你我而言却是一生一世。所以，我们要时刻懂得善待自己，为快乐而活。

世事难料，上天不会眷顾每一个人，甚至会在"降大任于斯人也"之前，先"苦其心志"。既然我们无法改变这些，那么不管我们的处境多难，不管我们过得多苦多凄惨，只要我们真正体会到生命的来之不易，明白自己存在的价值，内心的感动就会油然而生，就会由衷地觉得好好活着是多么美好。所以，当我们还拥有这一颗跳动的心时，就要懂得善待自己，为快乐而活。

为快乐而活，不是争名夺利，不是穿金戴银，不是锦衣玉食，而是追求心中的一份宁静平和，让自己时刻保持乐观大度的心态。上天已经给予了我们生命，我们就不要因为自身条件的不尽如人意而痛苦，懊恼地折磨自己。与其这样身心疲惫，不如充分利用这个时间来享受此刻我们拥有的美好的一切，如亲情、爱情、友情、阳光、空气等让自己变得快乐起来的东西。这才是为自己而活的最高境界。

善待自己，因为你是唯一的；善待自己，你将获得对自己的认同和理解；善待自己，为使自己能更好地帮助他人。

意大利戏剧家皮兰德娄说："我们每个人身上都拥有一个完整的世界，在每个人身上这个世界都是你自己的唯一。"

你应该这样告诉自己：若没有我，我的自我意识将变成虚无；若没有我，我的生命将戛然而止；若没有我，我的世界将变成一片废墟。尽管在整个宇宙中我不过是沧海一粟，但对于我自己而言，我是我的全部。我必须珍重自己，才能得到别人的珍重；我必须善待自己，才对得起自己拥有的一切。

当我们真正领悟到生命比其他一切都重要的时候，我们便可以真正地善待自己了。只有做到生命、心态、灵魂三者完美结合才算是真正地善待自己。生命诚可贵，自身价更高，只为快乐活，杂念早该抛。人生是短暂的，请你时刻善待自己、快乐地生活吧！

人在遇到困难、失败和挫折时，最希望得到别人的帮助、鼓励和支持。但是，俗话说"劝皮劝不了心"，外力还要靠自己内化，才能从根本上解决问题。所以，一个人遭受挫折后，最关键的是要进行自我安慰、自我调节，即善待自己。一个人如果不懂得善待自己，承受挫折的心理是无法得以调节的。那么，如何善待自己呢？

（1）善待自己，要珍惜自己的生命。人生不过短短几十年，你如果在碌碌无为中度过，或者在消极悲观中度过，那你岂不是白来世间一趟？你在受挫折后，不妨试着去欣赏一下周围的美景、别人的长处。你要知道，在这个世界上其实还有很多事情等着你去做，你的生命是很有价值的。生命只有一次，既然我们已经领悟了人生的意义，就该好好地去珍惜它，让生命真正散发光彩。

（2）善待自己，要学会保护自己。许多挫折都是人为造成的，有的人因为锋芒毕露、棱角太强而挫伤了别人，也害了自己。这种人就是不会保护自己。所以，必须把保护自己也算作一种才华。一个不会自我保护的人再有才华，也会使才华过早地被埋没，而不能为社会做更多的事。为了避免再受挫折，凡是棱角较强的人都必须学会保护自己，平时不要锋芒毕露，不要处处显摆自己，要学会谦虚。

（3）善待自己，要用一颗平常心看待得失荣辱。我们要做到不以物喜、不以己悲。许多事情，只要我们用心去做了，只要我们问心无愧，结果就显得不那么重要了。所以，我们不必因为失败或挫折而怨天尤人、折磨自己。

（4）善待自己，不妨从多角度审视自我，还要换位思考问题。"横看成岭侧成峰，远近高低各不同。"许多本来可以避免的麻烦与矛盾，多是自己处理不当造成的。吃一堑，长一智，人正是在不断失败的过程中成长起来的，失败是成功之母。

（5）善待自己，要懂得自我安慰。给真诚执着的自己鼓劲，为屡败屡战的自己喝彩！相信"不经历风雨，怎能见雨后彩虹"，相信"冬天到了，春天还会远吗"，让生命在希冀中获得一次畅快的呼吸，让自己更坚强，让生命更精彩！

第四章
在美好的世界吃尽苦头

人的生命似洪水在奔流，不遇岛屿、暗礁，难以激起美丽的浪花。

——奥斯特洛夫斯基

人生布满了荆棘，我们想的唯一办法是从那些荆棘上迅速跨过去。

——伏尔泰

上天完全是为了坚强我们的意志，才在我们的道路上设下重重的障碍。

——泰戈尔

1 为他人付出是自己的福报

我们如若懂得付出，就永远有可以付出的资本；我们如若只贪图索取，那就永远只能索取。付出越多，收获越大；索取越多，收获越小。人生就是由这样一种惯性趋势操纵着的，我们处于什么样的状态，这种状态就会像滚雪球似的，越滚越大。我们只有养成付出、给予的习惯，才会拥有越来越多的可供付出、给予的资本。

付出、给予的核心是爱。

李嘉诚说得最多的一句话就是："钱来自社会，应该用于社会。"他在取得巨大的物质财富之后，便积极推行有利于社会的慈善事业。

为了替家乡人民办一点实事，李嘉诚在百忙之中亲自在汕头选择校址，购地 0.6 平方千米建立汕头大学，并出资数亿港元为学校购置现代化的设备，还物色教授，捐赠当时最好的电子教学仪器。

1991 年，我国华东地区遭受特大洪涝灾害，李嘉诚个人捐款 5000 万港元，成为当时个人捐款最多的企业家。

1992 年，李嘉诚与时任中国残疾人联合会名誉主席的邓朴方会晤，他对邓朴方说，他和两个孩子经过考虑，打算捐款 1 亿港元，为全国的残疾患者办点实事。李嘉诚从不吝于对祖国的捐资援助，截止到 2017 年，其捐款数额已超过 130 亿港元。

高尔基说，给予别人永远要比向别人索取令人愉快得多。因为我们的付出和给予，为他人造就了幸福和快乐，而这种幸福和快乐又最终会降临到我们自己身上。可是我们如果不懂得这一道理，只知一味地向别人索取，那我们的生活就会向另一方向发展。

有这样一则寓言故事：

一位秀才与一位商人死后一起来到地狱，阎王看过功德簿后对他们说："你们二人前生没有做什么坏事，我特许你们来生投胎为人。但现在只有两种做人的方式让你们选择，一种是做付出的人，一种是做索取的人。也就是说，一个人需要过付出、给予的生活，一个人需要过索取、接受的生活。"

秀才心想，前生我的日子并不富裕，有时还填不饱肚子，现在准许我来生索取，吃、穿不愁，我只坐享其成就行了，那样不是太舒服了吗？想到这里，他抢先说道："我要做索取的人。"

商人看到秀才选择了来生过索取、接受的生活，自己只有付出、给予这条人生之路可以选择，他还想到，自己前生经商赚了一点钱，正好来生把它们都施舍出去吧。于是，他心甘情愿地选择了过付出、给予的生活，做一个付出的人。阎王看他们选择完了，当下判定二人来生的命运："秀才甘愿过索取、接受的生活，下辈子做乞丐，整天向他人索取饭食，接受别人的施舍。商人甘愿过付出、给予的生活，下辈子做富豪，行善布施、帮助别人。"

秀才万万没有想到自以为聪明的选择，却换来了乞讨的人生。

只知一味地索取只会让人变得贪得无厌，也会让人变得空虚、懦弱。而真正有成就的人，是绝对不会允许自己过那种只懂得索取的生活的。因为他们懂得付出的快乐，也懂得付出能让他们拥有越来越多的可供付出、给予的资本。

2 学会感恩和宽容

感恩者遇上祸，祸也能变成福，而那些常常抱怨生活的人，即使遇上了福，福也会变成祸。

有两个行走在沙漠中的商人，他们已行走多日，在口渴难忍的时候，碰见了一个赶骆驼的老人，老人给了他们每人半瓷碗水。两个人面对同样的半碗水，一个抱怨水太少，不足以解渴，怨恨之下竟将半碗水泼掉了；另一个也知道半碗水不能完全解渴，但他拥有一颗感恩的心，并且怀着这份感恩的心情，喝下了那半碗水。结果，前者因为拒绝了那半碗水而死在了沙漠中，后者因为喝了半碗水，走出了沙漠。

对生活怀有一颗感恩的心，我们就会有一种积极的心态，遇到灾难时也不会慌了手脚，会熬过去；而那些常抱怨生活的人，会与成功失之交臂。

南非的曼德拉，因为领导反对白人种族隔离政策的运动而入狱，开始了长达 27 年的监狱生活。当时尽管曼德拉已经高龄，但是统治者依然像对待一般的年轻犯人一样虐待他。

1994 年曼德拉当选总统以后，他在总统就职典礼上的一个举动震惊了整个世界。

总统就职仪式开始了，曼德拉起身致辞欢迎来宾。他先介绍了来自世界各国的政要，然后他说，能接待这么多尊贵的客人他深感荣幸，但他最高兴的是当初他被关在罗本岛监狱时，看守他的 3 名狱方人员也能到场。他邀请他们站起身，以便将他们介绍给大家。

曼德拉博大的胸襟和宽宏大度的精神，让到场的所有人肃然起敬。

后来，曼德拉向朋友们解释说，自己年轻时性子很急，脾气暴躁，他的牢狱岁月给了他时间与激励，使他学会了如何处理自己遭遇苦难时的痛苦。他说，感恩与宽容经常是源自痛苦与磨难的，必须以极大的毅力来训练。

他说起获释出狱当天的心情："当我走出囚室、迈过通往自由的监狱大门时，我已经清楚，自己若不能把悲痛与怨恨留在身后，那么我其实仍在狱中。"

我们之所以总是被烦恼缠身，总是充满痛苦，总是怨天尤人，总是有那么多的不满和不如意，是不是因为我们缺少曼德拉那样的宽容和感恩呢？

记住曼德拉对 27 年牢狱生活的总结：感恩与宽容经常是源自痛苦与磨难的，必须以极大的毅力来训练。

感恩与宽容是一种非凡的气度、宽广的胸怀，是对人对事的包容和接纳。感恩与宽容是一种高贵的品质、崇高的境界，是思想的成熟与心灵的净化。

3 生命之舟需要"放下"

有一位禁欲苦行的修道者，准备离开他居住的村庄，到无人居住的山中隐居修行，他只穿了一件布衣，就一个人到山中居住去了。

后来，他需要另外一件布衣换洗，于是他就下山到村庄中向村民们乞讨一件布衣。村民们知道他是虔诚的修道者，于是毫不犹豫地给了他一件布衣。

这位修道者回到山中之后，发现自己居住的茅屋里面有一只老鼠，它常常在他专心打坐的时候来咬他那件准备换洗的衣服。他早就发誓一生遵守不杀生的戒律，因此他不愿意去伤害那只老鼠，但是他又没有办法赶走那只老鼠，所以他回到村庄中，向村民要一只猫来饲养。

得到了猫之后，他又想："猫要吃什么呢？我并不想让猫去吃老鼠，但总不能让猫跟我一样只吃一些水果与野菜吧！"于是他又向村民要了一头乳牛，这样那只猫就可以喝牛奶了。但是，在山中居住了一段时间以后，他发现自己每天都要花很多的时间来照顾那头乳牛。于是他又回到村庄中，找到了一个可怜的流浪汉，带着这个无家可归的流浪汉到山中居住，让流浪汉帮他照顾乳牛。

那个流浪汉在山中居住了一段时间之后，跟修道者抱怨说："我跟你不一样，我需要一个太太，我要过正常的家庭生活。"

修道者想了想，觉得流浪汉说的也有道理，他不能强迫别人一定要跟自己一样，过着禁欲苦行的生活……

这个故事就这样继续发展下去，到了后来，也许是半年以后，整个村庄都搬到山上去了。

欲望就像一条锁链，一个连着一个，永远都得不到满足。

《百喻经》里有这样一个故事：

从前有一只猕猴，它手里抓了一把豆子，高高兴兴地在路上一蹦一跳地走着。一不留神，手中的一颗豆子滚落在地上，为了捡这颗掉落的豆子，猕猴马上将手中其余的豆子全部放置在路旁，趴在地上，东寻西找，却始终不见那一颗豆子的踪影。

最后猕猴只好拍拍身上的尘土，准备拿取原先放置在一旁的豆子，怎知那颗掉落的豆子还没找到，放置在路旁的那一把豆子却全都被路旁的鸡鸭吃光了。

年轻时，人们乐于追求某些事物，如果缺乏理智判断，只是一味地投入，不也像故事中的猕猴只顾捡掉落的一颗豆子，到头来，终将发现所损失的，竟是所有的豆子！想一想，我们是否也是放弃了手中的一切，仅追求掉落的那一颗豆子呢？

在印度的热带丛林里，人们用一种奇特的狩猎方法捕捉猴子：在一个固定的小木盒里面装上猴子爱吃的坚果，在盒子上开一个小口，小口刚好够猴子的前爪伸进去，猴子一旦抓住坚果，就抽不出爪子来了。人们常常用这种方法捉到猴子，因为猴子有一种习性，不肯放下已经到手的东西。人们总会嘲笑猴子的愚蠢：为什么不松开爪子放下坚果逃命？但审视一下我们自己，我们也许就会发现，并不是只有猴子才会犯这样的错误。

因为放不下到手的职务、待遇，有些人整天东奔西跑，耽误了更美好的前途；因为放不下诱人的钱财，有些人费尽心思，利用各种机会去大捞一把，结果常常作茧自缚；因为放不下对权力的占有欲，有些人热衷于溜须拍马、行贿，不惜丢掉人格与尊严，一旦事情败露，后悔莫及。

生命之舟载不动太多的物欲和虚荣，要想使之在抵达彼岸前不在途中被搁浅或沉没，就必须学会放下，只取需要的东西，把那些应该放下的"坚果"果断地放下。

让我们从猴子的悲剧中吸取教训吧，牢牢记住：该放手时就放手。

4 花间一壶酒，独酌无相亲

平凡的人生才是幸福的人生，静静地生活，静静地享受，用不着去经历大喜大忧，也用不着去经历大富大贫。只可惜世人都不知道珍惜自己现在拥有的平凡生活，为名利终日忙碌、四处奔波，他们所获得的快乐并不是真正的快乐，而所产生的忧愁却是真正的忧愁。从这一点来讲，生活清贫而不受精神之苦、行为相对自由洒脱而不受逢迎之累是值得羡慕的，安贫乐道未尝不好。

人的内心平静时，可以见到心性的本来面貌；在安闲中从容不迫，可以认识心性的本原之所在；在淡泊中谦和愉悦，可以真正体味生活之乐趣。

《小窗幽记》中有这样一段话："清闲无事，坐卧随心，虽粗衣淡食，自有一段真趣；纷扰不宁，忧患缠身，虽锦衣厚味，只觉万状愁苦。"这段话说的是，人要有一种对宁静致远的追求，清闲自在，喜欢坐就坐，喜欢躺就躺，随心所欲。在这种状态下，虽然穿的是粗衣，吃的是淡饭，仍然会觉得内心平静，不会因一些日常的凡俗之事而烦恼；相反，那些患得患失、被忧患和烦恼缠身的人，成天奔忙一些令人烦忧之事，这些人虽然穿的是华丽的衣服，吃的是山珍海味，也会觉得心中痛苦万状。

　　清闲自在，坐卧随心，也就是"清心"。从心理学上说，清心就是一种没有"心机"的心理状态。它是与"有心"的生活态度相对的。清心就是不动情、不执着，恬淡自得，根据自己的本真去待人处事。

　　因此，清心从一定意义上说，是一种生活之道。如果用老子所说的"失道而后德，失德而后仁，失仁而后义"的观点来衡量，清心的人格层次远在德、仁、义之上。它是人生修炼达到一定境界以后，在生活中的反映。清心中孕育着童真，清心中孕育着活力，清心中孕育着快乐。

　　《菜根谭》云："此身常放在闲处，荣辱得失谁能差遣我；此心常安在静中，是非利害谁能瞒昧我。"意思是说，我们只要使自己的身心处于安闲的环境中，对荣华富贵与成败得失就不会在意；只要我们的心灵保持安宁和平静，人世的是非与曲直都瞒不住我们。

　　老子主张"无知无欲""为无为，则无不治"。世人也常把"无为"挂在嘴边，实际上是做不到的。但一个人处在忙碌之时，置身于功名富贵之中，的确需要静下心来修省一番，闲下身心安逸一下。这时如果能达到佛家所谓的"六根清净、四大皆空"的境界，就会把人间的荣辱得失、是非利害视同乌有。这利于我们自我调节，防止陷入功名富贵的迷潭。佛家所谓的"六根清净、四大皆空"也就是指人要豁达淡泊，减少欲望，这样就会把生活中的是非利害与荣辱得失看得轻一些，而对生活的快乐则会体验得多一些。人需要静观世事，做到身在局中、心在局外，这样就会客观地对待生活，这样才能不为外物所累，才能将人间的种种现象尽收眼底。

　　国学大师林语堂曾经讲过这样一则故事：

　　　　一对年轻的美国夫妇利用假期外出旅游。他们从纽约南行，来到一处幽静的丘陵地带，发现在这人烟稀少的小山旁边有一个小木屋。

　　夫妻二人走到小木屋前，看见门前坐着一位老人。年轻丈夫上前一步问道："老人家，您住在这人迹罕至的地方不觉得孤单吗？""你说孤单？不！绝不孤单！"老人回答道。停顿了一会儿，老人接着说："我凝望那边的青山时，青山给予我力量；我凝望山谷时，发现植物的那一片片叶子，包藏着生命的无数秘密；我凝望蓝色的天空，看见那云彩变化成各式各样的城堡；我听到溪水的淙淙声，就像有人在向我做心灵的倾诉；我的狗把头靠在我的膝上，我从它的眼神里看到了纯朴的忠诚。每当夕阳西下的时候，我看见孩子们回到家中，尽管他们的衣服很脏，头发也是蓬乱的，但是，他们的脸上挂着微笑。此时，孩子们亲切地叫我一声'爸爸'，我的心就会像喝了甘泉一样甜美。当我闭目养神的时候，我会觉得有一双温柔的手放在我的肩头，那是我太太的手；当我碰到困难和感到忧愁的时候，我太太总是支持我。我知道，上帝总是仁慈的。"

　　老人见年轻夫妇没有作声，于是，又强调了一句："你说孤单？不！不孤单！"

　　这位老人的生活是平淡的，也是幸福的。在我们这个世界上，每个人都可以说是凡夫俗子，总期盼着过平淡的生活。平淡，不是没有欲望。属于我的，自然要争取；不属于我的，即使是千金、万金也不为所动：这就是平淡。安于平淡的生活，并能以平淡的态度对待生活中的繁华和诱惑，让自己的灵魂安然自处，这就是一种清心的境界。

　　其实，这位老人正是达到了清心的境界，因此，他能清闲自在、坐卧随心，能从平凡的生活中体悟到生活的情趣，领略到生活的快乐。

　　向往逍遥自在的生活是每个人的天性，但要想做到这样却很困难。生活中的自由是有条件的，如果能尽量减少欲望、淡泊名利，便心胸豁达，即使做不到心静如水，也能给自己增添一份洒脱，给人生增添一份情趣。

5 要想别人善待你，你就应该善待别人

要想别人善待你，你就应该善待别人，不要暴躁，不要冲动，不要逞强，凡事三思而行，做一个宽厚的人，做一个善良的人，做一个善待他人的人。

一位妇女因为丈夫不再喜欢她了而烦恼。于是，她祈求神帮助她，教会她一些吸引丈夫的方法。神思索了一会儿对她说："我也许能帮你，但是在教会你方法前，你必须从活狮子身上摘下三根毛给我。"

恰好有一头狮子常常来村里游荡，但是它那么凶猛，人怎么敢接近它呢？然而，为了挽回丈夫的心，她还是想到了一个办法。

第二天早晨，她早早起床，牵了只小羊去那头狮子常去的地方，放下小羊她便回家了。以后每天早晨她都要牵一只小羊给狮子。不久，这头狮子便认识她了，因为她总是在同一时间、同一地点放一只小羊讨它喜欢。

不久，狮子一见到她便开始向她摇尾巴打招呼，并走近她，让她拍它的头、摸它的背。

每天女人都会站在那儿，轻轻地拍它的头。女人知道，狮子已经完全信任她了。于是，有一天，她小心地从狮子身上拔了三根毛。她激动得把毛拿给神看，神惊奇地问："你用什么绝招弄来的？"女人讲了经过，神笑了起来，说道："用你对待狮子的态度去对待你的丈夫吧！"

连凶猛的狮子都能被你的温柔折服，更何况一般的人呢？善待周围的

一切人，他们就会善待你。

1898 年的冬天，罗吉士继承了一个牧场。有一天，他养的一头牛因冲破附近农夫家的篱笆去啮食嫩玉米被农夫杀死了。按照牧场的规矩，农夫应该通知罗吉士并说明原因。但农夫没这样做。罗吉士发现了这件事，非常生气，便叫一名佣工陪他骑马去和农夫理论。

他们半路上遇到了寒流，人、马身上挂满了冰霜，两人差点儿被冻僵了。抵达木屋的时候，农夫不在家。农夫的妻子热情地邀请两位客人进去烤火，等她丈夫回来。罗吉士在烤火时看见那女人消瘦憔悴，也发现躲在桌椅后面窥探他的五个孩子瘦得像猴子。

农夫回来了，妻子告诉他罗吉士和佣工是冒着狂风来的。罗吉士刚要开口跟农夫理论，忽然决定不说了。罗吉士伸出了手，农夫不晓得罗吉士的来意，便和他握手，留他们吃晚饭。"二位只好吃些豆子了，"农夫抱歉地说，"因为刚准备宰牛，忽然就起了风，所以没宰。"

盛情难却，两人便留下吃晚饭。

吃饭的时候，佣工一直等待罗吉士开口讲杀牛的事，但是罗吉士只是跟这家人说说笑笑。孩子们一听说从明天起几个星期都有牛肉吃，便高兴得眼睛发亮。

饭后，寒风仍在怒号，农夫和妻子一定要两位客人住下。于是，两人在那里过夜。

第二天早上，两人喝了黑咖啡，吃了热豆子和面包，肚子饱饱地上路了。罗吉士对此行的来意依然闭口不提。佣工就责备他："我还以为你会为了那头牛大兴问罪之师呢。"

罗吉士半晌不作声，后来回答道："我本来有这个念头，但是后来盘算了一下。你知道吗，我实际上并未白白失掉一头牛，我换到了一点儿人情味。世界上的牛何止千万，人情味却稀罕。"

一个人冒犯你或许会有某种值得同情的原因，罗吉士面对善良的农夫和他的妻子，彻底原谅了他们。在牛与人情味之间，罗吉士更珍视后者。

宽容犹如春雨，可使万物生长。宰相肚里能撑船，不计人过是宽容，不计前嫌是宽容，得失不久据于心，亦是宽容。宽容不会使你失去什么，相反，会使你真正有所得：得到人情。

6 改变自己，改变环境

因为我们不能改变世界，所以我们只好改变自己，用爱心和智慧来面对一切。托尔斯泰说："世界上只有两种人：一种是观望者，一种是行动者。大多数人都想改变这个世界，但没人想改变自己。"要改变现状，就要先改变自己。

很多人都能够意识到，人需要不断进步，但是，往往只是抱怨自己没有机会，把别人的成功归结为机会好、运气好。殊不知，我们每个人都有改变自己的机会和运气，关键是没有主动地去抓住机会，因此与成功擦肩而过了。如果我们本来有能力、有机会来改变自己，却不去抓住机会，最后只能悔恨。我们生活的环境如果能够满足我们能力的发展需要，将是难能可贵的；如果不能，我们应该怎么办？每个人都知道，我们的生存离不开环境，随着环境的变化，我们必须随时调整自己的观念、行为及目标。但是，有时环境的变化与我们的事业目标、欲望、兴趣、爱好等的变化是不合拍的，环境有时阻碍、限制我们能力的发展。这个时候，我们应该想办法改变环境，使之满足我们能力的发展需要。

　　某音乐学院的一个大学生，被分配到某企业的工会做宣传工作。刚开始，他很苦恼，认为自己的专业才能与工作不对口，在这里长期干下去，不但自己的前途会被耽误，而且时间一长，自己的专业才能也可能被荒废。他想调到一个适合自己发展的岗位上去。可是，几经折腾，终未成功。之后，他在这个工作岗位上努力工作，但没有放弃希望，他发誓要改变"英雄无用武之地"的状况。他找到单位工会主席，提出了自己要为企业筹建乐队的计划。正好这个企业刚从低谷中走出来，也想提升企业形象，提高产品的知名度，于是工会主席欣然同意了他的计划。他跑基层、寻人才、买器具、设舞台、办培训，不到半年，就使乐队初具了规模。2年以后，这个企业乐队的演奏水平已成了业余一流水平，而且堪与专业乐队相媲美，而他自己也成了全市知名度较高的乐队经理。通过自己的努力，他完全改变了自己所处的环境，化劣势为优势，不但开辟出了自己施展才能的用武之地，而且培养了自己的领导管理才能，为以后寻求更好的发展奠定了坚实的基础。

　　这个大学生如果被动地等待机会，那么他可能一生都不会有机会去改变自己的命运。他的成功就在于他积极地去寻找机会、抓住机会来实现自己的抱负。

　　一般来说，一个人只能适应环境、顺应环境；但是，在一定的情况下，环境也是可以改变的。当然，改变环境需要许多条件，但最重要的是我们的信心与智慧，这二者其实也是相辅相成的，有了改变环境的信心，就能想出改变的好办法。既然环境是可以改变的，机会就是可以创造的。每个人都可以根据自己所处环境的特点来寻求发展的机会。

　　现代社会是竞争的社会，人人都盯着机遇，因而要获得机遇也是很困难的。所以，在很多情况下，我们必须开阔视野、创造机遇。

　　开阔视野，可以使自己拓宽交际面，获得更多的朋友。人的视野需要自己开拓，不能指望别人。我们现在可能是一个默默无闻的人，但是只要我们想改变自己，就一定会有机会让更多的人认识自己。

　　每个人都知道多一个朋友、多一个熟人，就意味着多了一条成功之路，多一个朋友对事业极为有利。但是，朋友不会自己走来，要靠我们去争取、去结交。交朋友的机会不是等待来的，我们必须走进人群，自己创造交友的机会。但在现实生活中，在很多情况下，很多人却不是这样做的。他们不是去努力寻找机遇，而是怨天尤人、自暴自弃，他们消极地认为，一切都是不可改变的。这样，他们就把自己逼到了死角，想有所作为也就不可能了。

第五章
热爱生活，为它心甘情愿地绽放

人生如一本书，愚蠢者草草翻过，聪明人细细阅读。为何如此？因为他们只能读它一次。

——保罗

世界上只有一种英雄主义，那就是在认清生活真相之后依然热爱生活。

——罗曼·罗兰

1 满足感到底来自何方

孟子道："养心莫善于寡欲。其为人也寡欲，虽有不存焉者，寡矣；其为人也多欲，虽有存焉者，寡矣。"佛典《大智度论》中也说："哀哉众生，常为五欲所恼，而犹求之不已。此五欲者，得之转剧，如火炙疥。五欲无益，如狗咬骨。五欲增争，如鸟竞肉。五欲烧人，如逆风执炬。五欲害人，如践恶蛇。五欲无实，如梦所得。五欲不久，如假借须臾。世人愚惑，贪著五欲，至死不舍，为之后世受无量苦。"面对难填的欲望，我们应尽量享受已有的。这样生活就会是真实的、富有质感的，一年 365 日，日日太阳都是常新的。

欲望的满足不是满足，而是一种自我放逐，欲望会带来更多更大的欲望。如果我们被欲望所左右，因不能满足欲望而受煎熬，那么人生还有什么滋味？因此请务必谨记：贪婪者虽富亦贫，知足者虽贫亦富。"知足者常乐"一直是许多人津津乐道的人生哲学。

有的人结庐于山间，一亩薄田，一壶清茶，一盘檀香，一张古琴，悠闲自在、自得其乐。比如陶渊明悄然遁世，隐匿南山；比如孟浩然厮守农舍，归隐田园。在那平凡的鸡鸣犬吠中，在那"把酒话桑麻"的笑谈中，他们知足了，也拥有了不足为外人所道的乐趣。

《读者》里有这样一篇文章：

> 一位商贩不熟悉经济学，向来都是把一页一页的欠条随手一塞。别人还钱也好不还也罢，他从不追究。这位商贩的朋友是一位经济学家，劝他管好账目。可这位商贩却说："我是不懂管账，我父亲死得早，仅仅给我留下一条烂裤子。在我的眼里，除了一条烂裤子，其他的都是我的利润。"这个商贩正是知足常乐的代表，他没有刻意地去追求暴利，而是本着一种洒脱、平和的心态，对待自己的事业和拥有的财物。或许，这种心态给他的生意带来了更多的裨益。

能真正适可而止、知足的人，往往能得到很多意想不到的快乐。

周大新先生的短篇小说《无疾而终》述说了一个平常而简单的故事，然而这篇故事表达了作者对生活的深刻理解。

故事的主人公是瞎爷——瞎爷并没有全瞎，瞎爷的右眼还凛凛睁着，放出箭一样的光。我想，那看不见的一只眼便是人要装糊涂的寓意，而左眼即是对生活的洞察吧。瞎爷的生活态度，简单地说就是知足常乐。这"无疾而终"便是知足常乐的结果。

瞎爷的左眼是在他9岁那年看不见的。一场高烧之后，瞎爷忽然向他爹娘报告：我的左眼看不见了！两位老人一惊，忙过来用手在他左眼前晃，那只左眼果然像坏了的钟摆一样一动不动。他爹娘顿时就抹开了眼泪：一个独生子，一只眼看不见了可咋着办？爹娘哭得正伤心时，他慢腾腾地说："爹、娘，哭啥？应该笑才对！这场病不是才弄坏了我一只眼？总比两只眼都弄坏了要好吧？我比世上那些双眼全看不到的人不是要强多了吗？"这番话先是把两位老人惊住，后想想也在理，遂止住了眼泪。

瞎爷的家境不好，爹娘无力供他读书，只好让他去私塾里旁听。爹娘很伤心，瞎爷劝爹娘说："我如今也已识了些字，我总比那些一天书没念、一个字不识的孩子强吧？"

瞎爷娶了个豁嘴的媳妇。爹娘觉得对不住儿子，瞎爷劝爹娘说："能娶到这样一个媳妇就不错了，和世上那么多光棍儿比比，咱还不是好到了天上？好歹咱还会有个后代，那些光棍儿死了连个扛扬魂幡的也没有。"

瞎爷的媳妇勤快，可不温柔、不驯顺，把婆婆气得心口疼。儿子劝道："娘，你这个儿媳妇是有些不大称你的心，可你想想，天底下比她还差的媳妇多得是。你的儿媳妇不是还挺勤快、不骂人嘛！"

瞎爷的孩子全是闺女，媳妇觉得对不起他，瞎爷劝道："这有啥愧？我觉得你还是个挺有能耐的女人哩！世上有好多结了婚的女人，压根就不会生孩子，甭说五个女儿，她们连一个女儿也生不出来。咱们有这五个女儿，她们长大了咱们就会有五个女婿，日后等咱们老了，逢年过节时五个女儿五个女婿一齐提了酒拎了肉回来，多热闹！"

家境贫寒，妻子实在熬不下去，一直抱怨。瞎爷说："你只跟那些住三进大院家有万贯顿顿喝酒吃肉的人家比，你越比就越觉得咱这日子没法过，可你只要看看那些拖儿带女四处讨饭的人家，白日饥一顿饱一顿，夜里就睡在别人的房檐底下，弄不好还会遭狗咬上一口，你就会觉着咱这日子还真是不孬。咱虽没馍吃，可总还有稀饭喝；咱虽买不起新衣服，可总还有旧衣裳穿；咱这房子虽然漏雨，可总还住在屋里边。和讨饭的人们比比，咱这日子还算在天堂里……"

瞎爷老了，想在生前把棺材做好，安安心心地走。可做的棺材属于最薄最不气派的一种。豁嘴媳妇愧疚得很，瞎爷劝说："这棺材比起富豪大家们的上等柏木棺是差些，可我比起那些穷得根本买不起棺材，尸体用草席卷的人，不是要好得很吗？"

瞎爷活到72岁，无疾而终。临死前，瞎爷对嘤嘤哭泣的老伴说："哭啥？我已经活了72了，比起那些活到八九十岁的人，我不算高寿，可比起那些活到四五十就死的人，我不是好多了吗？"

瞎爷死时面孔安详，还有笑容留着……

瞎爷的人生观是一种乐天知足的人生观，即永远只和那些境况不如自己的人相比，而永远不和那些境况比自己强太多的人攀比，并以此排遣烦恼，找到快乐。这多么值得我们学习啊！

已故的弘一法师李叔同先生曾留下一副对联："事能知足心常惬，人到无求品自高。"人的贪欲是难以填平的。因为贪欲太盛，所以，大多数人都不快乐。事实上，知足是快乐的源泉。如果计较太多，反而会失去本该拥有的一切。所以我们不妨活得糊涂一点。糊涂是一种处世的艺术，它小半出自无奈，大半则根源于精神世界的充实丰富以及应付人生世事的自如圆熟。知足或不知足，都不是生活的主要目的；人生的目的是寻求生活的快乐。当一个人无法改变现有生活时，他除了接受以外，还能有更明智的选择吗？

知足是人在深刻理解生活本质之后的明智选择。俗话说："猛兽易伏，人心难降；溪壑易填，人心难满。"生活所能提供的满足欲望之物总是有限的，因此在人的现实生活中，"足"是相对的、暂时的，而"不足"则是绝对的、永恒的。足不足是物性的，而知不知则是人性的。以人性驾驭物性，便是知足；以物性牵制人性，就是不知足。足不足在物，非人力所能勉强；知不知在我，非多少所能左右。

不知足是本然的、合情的，仿佛骑手信马由缰，毫不费力；相反，知足是自觉的、顽强的、坚毅的和难能可贵的。当你在街道上步行看到一辆辆擦身而过的漂亮轿车时，当你身居斗室望着窗外一幢幢摩天大楼时，就会因羡慕、嫉妒而不知足。而要摆脱这些情绪的纠缠，今晚依然知足地卧床酣睡，明早照样知足地挤公交上班，却是很不容易的。可见，不知足的人根本没有资格嘲笑不凡的知足的人，在嘲笑别人之余，倒是应该想一想自己为物所役的浅薄、空虚和浮躁。正如前人所说："人为外物所动者，只是浅。"

知足的人当然不是无所希冀、无所追求。谁不爱吃山珍海味，谁不喜欢汽车洋房，但现实终归是现实，欲望没有尽头，在万般无奈之时，唯一可以保持的是这份知足的快乐。

知足者才是真正的富有者。调整好心态，在自己能力范围内，享受生活中的点滴喜悦和快乐。知足者常乐，知足便不做非分之想；知足便不好高骛远；知足便平心静气；知足便不贪婪、不奢求。

2 做一颗有能量的种子

一份好的心情，不仅可以改变自己，同时更会感染他人。如果你想做一个快乐的人，那么，你一定要首先保持一种好的心情。

生活在现代竞争激烈的社会中，假如你常常有活得累、活得艰难的感觉,你要明白这其中虽有客观因素,但主要的因素还在自己。我们的命运取决于我们自己的心理状态。如果我们想的都是快乐的事情,那么我们就能快乐;如果我们想的都是悲伤的事情,那么我们就会悲伤;如果我们想的全是绝望,那么我们就会绝望;如果我们想的全是失败,那么我们就会失败。正如富兰克林·罗斯福所说的:"一个人心灵的平静和生活的乐趣,并非取决于他拥有何物、有何地位或置身于何种情境——总之,与个人的外在条件并无多大关系,而是取决于个人的心理态度、精神追求。"

一次,一位犯人被告知明天将被处以极刑,行刑的方式是在他手臂上割一个口子,让他流尽鲜血而亡。犯人惊恐之至,百般哀求,但终无用处。

次日一早,犯人就被带到一个房间中,被锁在一面墙上,墙上有个小孔,刚好可以把一条胳膊穿过去。刽子手把他的一条胳膊从孔中穿过去,在墙的另一边,用刀子在他的手臂上割开一个口子,在手臂下边放着一个瓦罐来盛血。

"滴答,滴答……"血一滴滴地滴在瓦罐中,四周静极了。墙这边的犯人就这样静静地听着自己的血滴在瓦罐中的声音,他觉着浑身的血液都在向那条胳膊涌去,越来越快地流向那个瓦罐。不一会儿,他的意志也随着血流走了,最后倒地而亡。

其实,他手上的那个小口子早就不流血了,刽子手身边的桌子上放着一个大水瓶,水瓶中的水正通过一个特制的漏斗软管往下边的瓦罐中滴。一种强烈的心理暗示,让犯人自己杀死了自己。

因此,千万不要小觑忧郁、悲观的心境,它就像那不停滴下的水滴。这种不停往下滴的忧郁能摧毁一个人。生活中有不少这样的例子:体检时,张三、李四两人中的一人得了癌症,而体检报告上却写错了,张冠李戴了。本来未得病的李四，误以为自己得了癌症，结果终日精神恍惚、萎靡不振；而真得病的张三却浑然不觉，整天欢声笑语。再次体检时，李四的身体状况极差，而原来得癌症的张三，身体反而有了好转。

如果一个人的心情是蓝色的、忧郁的，再昂贵的化妆品也掩饰不住她满脸的愁云，再技艺高超的美容师也无法抚平她紧皱的眉头；相反，心情是快乐的、流畅的，即使素面朝天，也会显示出女性的柔美。

恐惧、忧虑、憎恨、极端自私会使人的内心无法平静。只要创造出内心安宁的软环境，快乐就会不请自来。为此，要搞清楚自己到底恐惧什么、忧虑什么、憎恨什么，为什么自私，有没有必要，何苦如此，如何解决。搞清楚这些问题之后，才能找到快乐。

对那些自己无法改变或力所不能及的事情，要抱着拿得起、放得下的态度，不去忧虑，或者创造出另一种情境，或者采取迂回的办法自我调节，把自己的情感和精力转移到其他活动中去，使自己没有时间和可能沉浸在这种烦恼之中。

唐代法号为天际大师的和尚为普度众生而开了一副秘方——治疗心病的灵丹妙药。据说凡诚心求治者，无不灵验。药方如下：

药有十味：好肚肠一根，慈悲心一片，温柔半两，道理三分，信用要紧，中直一块，孝顺十分，老实一个，阴阳全用，方便不拘多少。

用药的方法是：宽心锅内炒，不要焦不要躁。

用药的忌讳是：言清行浊，利己损人，暗箭中伤，肠中毒，笑里刀，两头蛇，平地起风波。

这可以说是一副治疗消极心态的十分有效的"中药"。

一位大学生对此深有体会。经历了黑色七月，他没有取得自己梦想中的好成绩，尽管分数还说得过去，但自己只能进一所不起眼的大学。

因此，大学第一学期他过得很不愉快，几乎是在怨气和悔恨中度过的，终于熬到了放寒假。回到家里，父亲向他问起了大学生活，他说："大学生活真的很没劲。"

他的父亲是个铁匠，听了他的话后，很惊愕。父亲沉默了半晌之后，转过身用他那粗壮的手操起了一把大铁钳，从火炉中夹起一块被烧得通红通红的铁块，放在铁垫上狠狠地锤了几下，随之丢入了身边的冷水中。"滋"的一声响，水沸腾了，一缕缕白烟向空中飘散。

父亲说："你看，水是冷的，然而铁却是热的。当把火热的铁块丢进水中之后，水和铁就开始了较量——它们都有自己的目的，水想使铁冷却，铁想使水沸腾。现实中何尝不是如此呢？生活好比冷水，你就是热铁，如果你不想自己被水冷却，就得让水沸腾。"听后，这位大学生感动不已，朴实的父亲竟说出了这么饱含哲理的话。

第二学期开始后，他开始反省自己，并且不停地努力，学习终于有了一点起色，他的内心也开始一天天地丰富充实起来。

由此看来，乐观是一种选择，悲观也是一种选择，亚伯拉罕·林肯曾说过："大多数的人都是像他们所决定的那样高兴起来的。"

如果你希望操练验证一下，不妨试试下面的方法，看一看这样做之后你的情绪是否会有所改变。

一日之计在于晨，我们首先应明白的一件事情就是"乐观的心态从早晨开始"。也许你前一天睡得太晚，吃得太多或工作太辛苦，因而你在起床时感到太疲惫，那么你可以在起床前通过呻吟来排遣你的不适，但切忌不要把这种不适感带到你的一天的生活中。要知道如果每天一开始你能保持一个愉悦的心情，并且告诉自己美好的一天开始了，那么你的乐观情绪就会渗透到你日常生活中的所有角落。

当你早晨起来的时候，不要读新闻的头版，从一个轻松的部分开始，比如体育版、生活版，或者从幽默笑话开始。

3 不要让多余的包袱压垮你

在人生的旅途中，一个人如果喜欢把自己所遇到的每件东西都背上，不断负重，就会感觉到非常累，说不定哪天会因身负如此沉重的东西而停止不前或倒地不起。在车站，我们看到走得最累的是那些背着大包小包的人。这告诉我们一个道理：一个人只有携带的东西越少才会越超脱；一个人越是淡泊名利，他的精神就越自由。

一个青年背着大包裹千里迢迢跑来找无际大师，他说："大师，我是那样的孤独、痛苦和寂寞，长期的跋涉使我疲倦到极点；我的鞋子破了，荆棘割破了我的双脚，我的手也受伤了，血流不止，我的嗓子因为长久的呼喊而喑哑……为什么我还找不到心中的阳光？"

大师问："你的大包裹里装着什么？"青年说："它对我可重要了。里面装的是我每一次跌倒时的痛苦，每一次受伤后的哭泣，每一次孤寂时的烦恼……靠着它，我才能走到您这儿来。"

于是，无际大师带青年来到河边，他们坐船过了河。上岸后，大师说："你扛着船赶路吧！""什么，扛着船赶路？"青年很惊讶，"它那么沉，我扛得动吗？""是的，孩子，你扛不动它。"大师微微一笑，说："过河时，船是有用的。但过了河，我们就要放下船赶路，否则，它会变成我们的包袱。痛苦、孤独、寂寞、灾难、眼泪，这些对人生都是有用的，它们能使生命得到升华，但念念不忘，它们就成了人生的包袱。放下它们吧！孩子，生命不能负担太重。"

青年放下包袱，继续赶路，他发觉自己的步子轻松而且心情愉悦，走起路来比以前快得多。

原来，生命负担是可以不必如此沉重的。能够放弃是一种跨越，学会适当放弃，你就具备了成功者的素质。

在生活中，拿得起是一种勇气，放得下是一种肚量。对于人生道路上的鲜花、掌声，有智慧的人大都能等闲视之，屡经风雨的人更有自知之明。但对于坎坷与泥泞，能以平常之心视之，就非常不容易。面对大的挫折与大的灾难，能坦然承受，更是一种胸襟和肚量。

宋朝的吕蒙正被皇帝任命为副相。他第一次上朝时，人群里突然有人大声讥讽道："哈哈，这种模样的人也可以入朝为相啊？"可吕蒙正却像没有听见一样，继续往前走。跟随在他身后的几个官员为他鸣不平，拉住他的衣角，一定要帮他查出究竟是谁如此大胆，敢在朝堂上讥讽刚上任的副相。吕蒙正却推开那几个官员说："谢谢你们的好意，我为什么要知道是谁在背后说那些不中听的话呢？倘若我知道了是谁，那么我会一生都放不下，以后我怎么安心地处理朝中的事？"

吕蒙正之所以能成为宋朝的一代名相，其根源正是他有能"放下一切荣辱"的胸襟。这就是拿得起放得下。正如我们人生路上一样，大千世界，万种诱惑，什么都想要会太辛苦，该放就放，你会轻松快乐一生。

人生苦短，每个人都会有得意、失意的时候，世上没有一条平坦的路，你何必奢求事事如意呢？如若烦忧相加、困扰接踵，对身心只能有害无益。

我们应该保持平静如水、乐观豁达的心境，让一切随风而来，又随风而去，且须经常"打扫"心房，这样心房方能保持清新亮堂，正如我们每天打扫卫生一样，该扔的扔，该留的留。这样才会释然，继而做到胸襟开阔、积极向上，在人生之路上走得更潇洒。

有一句流传非常广的谚语：为了得到一根铁钉，我们失去了一块马蹄铁；为了得到一块马蹄铁，我们失去了一匹骏马；为了得到一匹骏马，我们失去了一名骑手；为了得到一名骑手，我们失去了一场战争的胜利。

为了一根铁钉而输掉一场战争，正是因为不懂得及早放弃。

生活中，有时不好的境遇会不期而至，令我们猝不及防，此时我们更要学会放弃。

诗人泰戈尔说过："当鸟翼系上了黄金时，就飞不远了。放弃是生活时时处处应面对的清醒选择，学会放弃才能卸下人生的种种包袱，轻装上阵，安然地对待生活的转机，度过人生的风风雨雨。"

智者曰："两弊相衡取其轻，两利相权取其重。"

古人云："塞翁失马，焉知非福。"选择是量力而行的睿智和远见，放弃是顾全大局的果断和胆识。

人生如戏。每个人都是自己生命中唯一的导演。只有学会选择和放弃的人才能够彻悟人生、笑谈人生，拥有广阔的人生境界。

一位在医院工作、年仅20多岁的女孩，由于长达5年的恋爱失败而自杀，那个女孩不仅美丽善良、孝顺父母，而且有着令人羡慕的稳定工作。在沉痛的哀乐声中，女孩白发苍苍、心力交瘁的老父老母痛不欲生，她生前的亲朋好友也都低声哭泣为之惋惜。那个女孩在人生的转折处做了一个错误的抉择：她选择了在痛苦中静静地离去，在静静地离去中摆脱痛苦。然而，这个女孩的这种做法却给活着的亲朋好友留下了更多的痛苦。

其实，如果她能看开点，能够放下心头的这个包袱，事情也许会是另一种结局。人生为何不看开一点呢？

许多时候，我们会讨论一个共同而永久的话题：人的一生该怎样过才能够让自己拥有快乐？从乡野莽夫到名人圣贤，各个阶层、不同经历的人都会有各自独特的观点：有的人以舍生取义精忠报国为乐，有的人以不断进取、实现自己的理想为乐，也有的人会以不择手段、满足一己之欲为乐……其实一个人要想获得真正的快乐，就得卸下身上的包袱。

人生尽管短暂却十分美妙和精彩，就让我们的身心减少些包袱吧，只有卸下种种包袱，轻装上阵，从容地等待生活的转机，才能不断有新的收获；踏过人生的风风雨雨，才能懂得放手，活得更加充实、坦然和轻松。

4 丢掉刻薄，享受生活

做自己想做的事，过自己想要的生活，才能有一个好心情。可是现实生活中，却有一些人对自己过于刻薄，总是令自己心情过于沉重。其实何必如此呢？偶尔看到一件漂亮的衣服，喜欢得不得了，那就买下吧，尽管它会花掉你半个月的工资，为什么不呢？就当买个好心情，这也值啊。心情不好？去酒吧尽情放松一下，何必要坐在床上一言不发，和自己过不去呢？

29 岁的小王，独身一人，没有任何家庭负担，但是同事都用"非常严苛地对待自己"来形容他。他每个月领工资后，除了在公司食堂吃饭，从来不交际，不吃零食，不去餐馆吃饭，也没买过任何零食回家吃，甚至没上街喝过一杯咖啡。空闲时他就到百货公司逛逛，饱饱眼福，但从不轻易购买自己想要的东西。他总是这样严苛地对待自己，总是害怕多花一分钱。

通过上面的这个案例我们可以看出，小王每月的收入除了基本的生活支出，几乎没有其他的花费，虽然这样他存了不少钱，可他的人生是乏味的，他这样严苛地对待自己，只能证明他是葛朗台式的人，难以获得真正的快乐。

我们知道，生活是用来享受的，不能只知道存钱，所以我们对自己不要太严苛。世界上对自己严苛的人太多了，很多人根本不给自己一个享受的机会。

英国思想家洛克曾说："人的幸与不幸，多半是自作自受。"这句话非常真实地道出了这样一个事实：只有我们自己才能迫使自己进入不幸和自怨自艾的苦境。一旦无条件地投降而成为沮丧情绪的牺牲品，人便背弃了自我的生活，丢掉了自我的价值观，感受不到生活的真谛。

（1）对自己严苛容易使自己衰老。一个人若是整天对自己严苛，那他的人生是毫无欢乐可言的，生命被消磨得很快。有些人未到中年已经显出衰老的迹象，往往就是这种原因所致。有些正值青春年少的女子面容上布满了皱纹，因为她们在日常生活中自己制造烦恼，不懂得享受生活，体会不到生活带来的快乐。

（2）对自己严苛容易使自己滋生烦恼。心理学家认为，驱除烦恼最好的方法就是保持一份愉快的心情，这就要求我们不能严苛地对待自己。在烦恼的时候，我们要用希望来替代失望，用勇敢来替代沮丧，用宽容来替代严苛，用宁静来替代烦躁，用愉快来替代烦闷。然而，在现实生活中，总是有许多的人对自己过分苛求。要知道，一味地苛求将会使自己的烦恼与日俱增。

一个真正懂得从生活中寻找乐趣的人，从不觉得自己的日子充满压力及忧虑。因为人无完人，自己也不例外，只有坦然地面对生活，自己才能活得幸福。那么，怎样才能走出严苛的阴影，感受生活的乐趣呢？

（1）消除不切实际的期望。生活中，你是否为自己订下过不切实际的目标？比如要在 25 岁前成为百万富翁，而这个愿望至今还没有实现。想一想，这么多年来你一直抱着这些期望不放，不断打击自己，这样有什么益处呢？与其对自己做出过分的要求，不如放弃那些不切实际的期望。

（2）少跟别人比较。俗话说，人比人，气死人。如果你在生活中经常与他人比较，那么你自然会感到有太多的不如意。因为不管什么时候和别人比较，不管自己多么优秀，你都会找到比自己各方面更出色的人。所以，要想过得幸福就应少和他人比较。

（3）多肯定自己。对于对自己严苛的人来说，每次在内心深处自责的时候，不如改变一下立场，多肯定自己。如果你能这样长期坚持下去，你会发现，好的事情会越来越多，不如意的事情则会越来越少，甚至会消失。

5 只要是快乐的，其他的就不要纠结

每个人都喜欢站在舞台上受人拥戴，那会让人觉得自己身份特殊、高高在上。然而，大多数站在舞台上的人，为了维护既定的形象，往往都被迫戴上了面具来伪装自己，且在"假象"的遮盖下丧失了真性情，久而久之，甚至忘了自己是谁！

没有人能取悦所有的人，想要符合特定对象的期望，势必失去某些人的尊敬。

美国著名影星玛丽莲·梦露就是最具代表性的例子。她因身为明星，所以努力维持大家喜爱的特定形象。然而这些形象都是电影塑造出来的，并非真实的梦露。于是，她为了维持这些形象，导致精神衰弱，必须经常服用安眠药，最后竟落得自杀殒命的悲剧。

梦露的无奈，其实不就是许多人的心境写照吗？

明明伤心，仍要装着微笑；明明相爱，却裹足不前；明明不想做，却牺牲自己以迎合别人；明明满心愤怒，却不敢以真面目示人。

比利乔在《陌生人》这首歌中生动地描述了我们是如何隐藏自己的：

> 我们都有脸，
> 却将它们永远藏起来；
> 等大家都走光了，
> 我们才把脸拿出来，
> 留给我们自己看。
> …………

一个人戴惯了面具后，常无法分清哪一个才是真正的自我。等到找回自己的时候才发现，在层层的伪装下，自我早已消失了。

请比较自己在别人面前的表现与内心真正的感觉之间的差异。问问自己，是否为了维护形象而压抑内心真实的感受，是否觉得自己很虚伪。

既然我们不可以取悦所有的人，不能符合所有人的期望，何不潇洒地脱下面具，从禁锢中解脱出来！既然自认为是对的，何不尝试以往为顾及形象而不敢做的事，说出从前不敢说的话呢！

其实生活中获得幸福的最有效的方式就是丢掉伪装，潇洒地做自己。

事实上，生活在这个世界上，不论你做得有多好，都无法取悦所有的人。人活在世界上，所追求的应当是自我价值的实现以及对自我的珍惜。不过值得注意的是，一个人是否实现了自我价值并不在于他比别人优秀多少，而在于他在精神上能否得到满足。只要你能够得到他人所没有的幸福感，那么即使自己表现得不高明也没有什么。

有天下午，珍妮正在弹钢琴时，7 岁的儿子走了进来。他听了一会儿说："妈，你弹得不怎么高明吧?"

不错，是不怎么高明。任何懂钢琴的人听到她的演奏都会这样认为，不过珍妮并不在乎。多年来珍妮一直这样不高明地弹，弹得很高兴。

珍妮对自己不高明的歌唱和不高明的绘画也很满意。从前她还自得其乐于不高明的缝纫。珍妮在这些方面的能力不强，但她不以为耻。因为她不是为他人而活，她认为自己做得还不错，其实，任何人能够有一两样事情做得不错就够了。

一位朋友对珍妮说："让我来教你用卷线织法和立体织法织一件别致的开襟毛衣，织出 12 只小鹿在襟前跳跃的图案。我给女儿织过这样一件。毛线是我自己染的。"珍妮拒绝了，心想，朋友为什么要这样辛苦，我织毛衣只不过是为了使自己感到快乐，并不是为了取悦别人。珍妮看着自己正在编织的黄色围巾每星期加长几厘米时自得其乐。

从珍妮的经历中我们不难看出，她生活得很幸福，而这种幸福的获得正在于她做到了不因向他人证明自己优秀，而有意识地去博取别人的认可。改变自己一向坚持的立场去追求别人的认可并不能获得真正的幸福，这样一条简单的道理并非人人都能在内心接受它，并按照这条道理去生活。因为他们总是认为，那种成功者所享受到的幸福就在于他们得到了我们这个世界大多数人的认可。

一只大猫看到一只小猫在追逐它自己的尾巴，于是问："你为什么要追逐你自己的尾巴呢？"小猫回答说："我了解到，对一只猫来说，最好的东西便是幸福，而幸福就是我的尾巴。因此，我追逐我的尾巴，一旦我追逐到了它，我就会拥有幸福。"大猫说："我的孩子，我曾经也认为幸福在尾巴上。但是，我发现，无论我什么时候去追逐它，它总是逃离我，但当我做别的事情时，无论我去哪里，它似乎都会跟在我后面。"

这则寓言说明了一个道理，那就是，幸福完全是一种个人的感受，因此幸福无须寻求他人的认可。

6 敢于做独一无二的自己

有人说"做事容易做人难"，有人说"做人不难做自己难"，其实做自己也不难，它比从别人嘴里东听一点西听一些，支离破碎地拼出自己的形象容易得多，走自己的路不后悔，过自己想过的生活，就不会浪费人生。

《伊索寓言》中有这样一个故事：

一个老头儿和一个小孩子用一头驴子驮着货物去赶集。赶完集回来，孩子骑在驴上，老头儿跟在后面。路人见了，都说这孩子不懂事，让老年人走路。孩子就忙下来，让老头儿骑上驴。于是旁人又说老头儿怎么忍心自己骑驴，让小孩子走路。老头儿听了，就把孩子抱上来一同骑。骑了一段路，不料看见的人都说他们残酷，两个人骑一头小驴，都快把小驴压死了，两人只好都下来。可是人们又都笑他们是呆子，有驴不骑却走路。老头儿听了，对小孩子叹息道："没办法了，看来我们只剩下一条路——两个人扛着驴子走吧！"

正因为老头儿不能坚持自己的原则，总是被路人的言行所左右，最终落得个左也不是，右也不是，从而不知所措，徒增烦恼。

我们毕竟不是孤立存在的个体，我们的一言一行总会对周围的人、周围的世界产生一定的影响，也就必然会收到来自周围世界的评论。这些评论可能是褒扬的，也可能是批评的。但不论是褒扬的还是批评的，都有理解与不理解、公正与歪曲的成分。所以，对于这些评论，我们不能一概接受。

许多人就像上述故事中所讲的老头儿，别人叫他怎么做，他就怎么做，谁有意见，就听谁的。可是这样做的结果是什么呢？是总有人不满意，反而将自己置于无所适从的境地。

既想讨好每一个人，又不想得罪任何一个人，那是绝对不可能的。因为我们不可能顾及每一个人的面子和利益，你认为顾及了，别人却不一定这么认为，甚至有的人根本不领情。另外，不同的人对同一件事的感受和看法都有所不同，你让这个人满意，就可能令那个人不满意。你努力做的结果最后只有两种可能：要么自己累得半死；要么被人捏住软肋，任人摆布。

与其这样，我们何不明智一点，快乐地做我们自己？按照自己的意愿去做人做事，我们就不必勉强改变自己，不必费心掩饰自己。这样，就能少一些精神上的束缚，多几分心灵上的舒展，就能少一分不必要的烦恼，多几分人生的快乐与轻松。

相反，忘记了"我是谁"，硬要逼迫自己去改变自己，戴着面具去生活，所有的烦恼就会接踵而至。设法掩饰自己本就要付出许多的心力，而一旦没有掩饰好，情况便会更糟。对于做人来说，与其把心力花在这上面，还不如索性识我真相、见我真人、知我真本色。

爱默生在散文《自恃》中说："每个人在受教育的过程当中，都会有段时间确信：物欲是愚昧的根苗，模仿只会毁了自己；每个人的好坏，都是自身的一部分；纵使宇宙充满了好东西，不努力你什么也得不到；你内在的力量是独一无二的，只有你知道自己能做什么。"

查理·卓别林刚刚拍电影的时候，导演让他模仿当时德国的一位著名的喜剧演员，可他一直都表演得不出色，直到找出了属于他自己的戏路，才成为举世闻名的喜剧大师。欧文·柏林与乔治·葛希文两人相识的时候，柏林已是有名望的作曲家，而葛希文还仅是个每星期只能赚 35 元的无名小卒。柏林非常欣赏葛希文的才华，愿付 3 倍的价钱聘请他做音乐助理。但后来柏林却说："你最好别接受这份工作，否则你可能会变成一个二流的柏林；假如你秉持本色努力奋斗下去，你会成为一个一流的葛希文。"葛希文牢记柏林的忠告，努力奋斗，最终成了当代著名的音乐家。

因此，我们应庆幸自己是世上独一无二的，应该把自己的禀赋发挥出来。不管是好是坏，你都要耕耘自己的园地；不管是好是坏，你都要弹起生命中的琴弦。

只要做你自己，你便是快乐的。

7 世间总有不公正

在英国伦敦市区，施工人员为了开拓一条新路，拆掉了许多年代久远的楼房。由于后续行动没有跟上，工期拖延了较长时间，旧楼一直沉寂在那里，风吹日晒雨淋。这一日天气晴朗，一批植物学家路过那里，惊奇地发现，地基上居然冒出了一簇簇奇花异草。

经过仔细审视鉴别，植物学家确定花草为地中海沿岸国家所特有，从未在英国大地上展现过姿色。那些植物的种子是如何跨洋来到这里的呢？又是怎样破土而出的呢？排除一个个假设，否定一条条线索，植物学家做出了一个合理的解释，就是这些楼房是古罗马人从前攻占伦敦时建造的，那些种子也是那时由他们带到这里的。

被埋没了千百年，被压抑了千百年，花草的种子并未丧失生机，依然期待拱出地表的一天。一旦搬开压在上面的砖头石块，得到阳光雨露的滋润，它们又都本能地振奋起精神，为大地营造出一簇簇芳华。人生若能像这些种子一样顽强，必能熬过被埋没压抑的日子，迎来姹紫嫣红的一天。

在麻省理工学院的一块园地中，科研人员进行了一项耐人寻味的试验。他们给一个正在发育的南瓜箍上一道道铁圈，测试其承受压力的能力究竟有多大。试验之初，人们期待南瓜承受压力的极限是 500 磅（1 磅 ≈ 0.45 千克）。试验进行至 1 个月，南瓜承受的压力达到预期的指标，可它依旧安然无恙。又过了 1 个月，南瓜承受的压力达到 1500 磅，可它仍在顽强地生存着。于是科研人员不断对铁圈进行加固。试验进行到最后，南瓜承受的压力突破了 5000 磅，达到人们期待值的 10 倍时才超越极限导致瓜体破裂。

科研人员去掉那些铁圈，用力将南瓜掰开，发现里边布满坚韧的植物纤维，已经不能食用。与此同时，为吸收足够的能量抵御铁圈的限制，它的根须异常发达地向外扩张，最远的已伸展到试验园地的边缘。

人生总是要承受这样那样的压力，难免会遇到这样那样的困难，只要有坚定的意志和信念，充分调动内在的潜能，利用好现有的环境或条件，就一定能够像遭遇紧箍的南瓜一样，积蓄并释放出超乎想象的能量。

另一批专家进行的一项试验也能说明同样的道理。他们用一块透明的挡板把水族箱从中间隔开，将一条饥饿的鳄鱼和一些小鱼分别放在两边。见到那些游动的小鱼，鳄龟毫不犹豫地发起攻击，结果未能如愿以偿。转瞬之间，鳄鱼又发起更迅猛的攻击，以致撞得头破血流。

就这样一次次地出击，一次次地碰壁，直到彻底绝望，那条鳄鱼停止了尝试。这时专家将那块挡板抽掉，鳄鱼依然一动不动。眼看着小鱼在眼皮底下游来游去，它失去知觉似的潜伏在那里，直到饿死也没再发起攻击。这也是一种自我限制，也可以称为透明挡板现象。

人的潜意识会形成一个玻璃罩，抑或一块透明挡板。由于曾经碰到过玻璃罩，或撞到过透明挡板，便放弃了至关重要的尝试。本来可以有所作为，只因错过许多可能把握的机会，未能达到应有的高度，实在是令人惋惜。

一场火灾突如其来，康纳不幸被烧成重伤。经医生全力抢救，康纳脱离了生命危险，但他的下半身却丧失了知觉。出院的时候，医生悄悄地告诉康纳的母亲，说他这辈子离不开轮椅了。母亲非常难过，只好把痛苦埋藏在心底，每天照料康纳的起居，还定时带他到院子里呼吸新鲜空气。

一次，母亲把轮椅推到院子里，吩咐康纳自己在外面，就回屋干活去了。仰望碧空如洗的蓝天，感受微风轻柔的抚摸，又见那满园姹紫嫣红的春色，康纳的胸襟豁然开朗起来，他感到有一股强烈的冲动自心底涌起——我一定要站起来！

康纳挣扎着摆脱轮椅，拖着瘫腿用双肘在草地上爬行。就那么一寸寸匍匐，磨磨蹭蹭移动着身子，他终于移到了栅栏边。喘息片刻，他一把抓住栅栏，竭尽全力使身子直立起来，再借助栅栏尝试横向移动。毕竟胳膊的力量不及大腿，他每动一下都累得满头大汗，他不得不停下来喘气，然后咬紧牙关再试，直至挪动到栅栏的尽头。

从这一天开始，康纳和母亲达成一种默契，每天都要依赖栅栏练习走路。就这么日复一日地坚持，可是他的双腿始终没有一点感觉。然而在康纳的心里，燃烧着重新站立起来的迫切愿望，所以他没有也不可能气馁，照样全力以赴地与命运抗争。

自从烧伤以后，康纳的下肢一直毫无知觉。这天早晨，他双手攀着栅栏向一旁移动，突然感到双腿一阵锥心的疼痛。他心头为之一震，以致怀疑那是一种错觉。他又试着挪动两步，再次体验到了那种剧烈的疼痛。伴随着一种悲壮的感觉，重新站立起来的希望已扑面而来。

自从下肢恢复知觉后，康纳每天锻炼得更加起劲，效果也一天比一天明显。先是能慢慢地站起来，勉强扶着栅栏走几步。不久就可以独立行走，继而连跑步都不成问题了。康纳重返学校读书，生活又回到正常的轨道上，看上去和其他同学没什么两样。考入大学之后，他成为学校田径队的尖子队员，付出了超人的努力，奇迹般地跑出了当时世界最好的成绩。

我们都喜欢给自己设限，不是我们做不到，而是我们自己阻碍自己去实现目标。

8 不要留恋眼前，有放弃才有得到

小溪放弃平坦，是为了回归大海的豪迈；黄叶放弃树干，是为了期待春天的葱茏；蜡烛放弃完美的躯体，才能拥有一世光明；我们放下凡俗的喧嚣，才能拥有一片宁静。

泰戈尔在《飞鸟集》中写道："只管走过去，不要逗留着去采了花朵来保存，因为一路上，花朵会继续开放的。"

为采集眼前的花朵而花费太多的时间和精力是不值得的。道路正长，前面尚有更多的花朵，我们要懂得放弃，放弃会让我们拥有更多的美好，拥有更加精彩的人生……

一开始就选择享受的人和一开始就执着于前进的人最后的结局是大不相同的。汉高祖刘邦死后，太子刘盈当了皇帝，吕后成了吕太后。吕太后见刘邦死了，就大肆消灭异己，朝廷的大权都由吕太后一人把持。

刘盈当皇帝的第二年，齐王刘肥来看望他。刘盈听说哥哥来了，很高兴，就吩咐摆酒招待，并且让哥哥坐在上头，自己在下面作陪。吕太后看了很不高兴，因为皇帝是至高无上的，怎么能坐在下面呢？于是，她就叫人斟了两杯毒酒递给刘肥，让他给惠帝祝酒。不想惠帝见齐王起身，也跟着站起来，拿过另一杯酒，准备兄弟两人干一杯。吕太后很着急，她装作不小心的样子，把刘盈手中的酒撞洒了。刘肥看到这种情形知道吕太后想置他于死地，回到住处后很害怕。这时一人献计说："太后只有当今皇上和鲁元公主一儿一女，自然对他们特别宠爱。如今大王您的封地有70多座城，公主却只有几座城。您要是向太后献出一郡，把它作为公主的领地，太后定会高兴，您也就免除危险了。"

刘肥听后，就照着这位谋士的方法，把自己的封地城阳郡献给了公主，太后果然很高兴。就这样刘肥平安地离开了长安。

刘肥放弃了一座小城保全了自己的性命，这实在是一种明智的选择。钱财、荣华、名利都不是最重要的，找到当下最重要的东西，学会放弃，不要固执。生活中有苦也有乐，有喜也有悲，有得也有失，拥有一颗达观、开朗的心，生活没有想象中那么艰难。

第六章
轻轻地我来了，正如我轻轻地走

一个人的价值，应当看他贡献什么，而不应当看他取得什么。

——爱因斯坦

我们的生命是三月的天气，可以在一小时内又狂暴又平静。

——爱默生

人的一生应当像这美丽的花，自己无所求，却给人间以美。

——杨沫

1 生命是一个过程

生对人而言可谓意义重大。人既生于世，需要考虑的首要问题就是怎样活着。人生大致分为生存、生活、生命三个层次，每个层次带给我们的感受是不同的。许多人拼尽全力驰骋于人生的疆场上，到头来却不知自己活在哪一个层次上。

笔者的一位从事推销业务的朋友，每天为了生活忙忙碌碌，不停奔波。他说，他时刻担心自己如果业绩不佳，会被经理勒令走人。

一天，笔者与他探讨如何苦中作乐，如何寻找工作的意义。正讨论得火热时，笔者问他："人生有生存、生活、生命三个层次，你觉得自己活在哪个层次上？"

已近不惑之年的他还算是一个性格爽朗、心胸开阔的人，可是当重压在身时，却容易走进死胡同而不肯回头。

他思索了好一阵，似有些忧郁地说："在家里，我和家人就是吃、睡、看电视，好像多半处于生存的层次；和同事能多聊一会儿，应该生活层次多一点；生命层次是什么我不太懂，我想它不是很重要吧。"

他现在已经没有心情顾及别的东西了，养家糊口几乎成了他生活的全部内容。他之所以不快乐，与他本末倒置的生活状态有关。为此笔者又问他："当孩子从外面回到家时，通常你会怎么做？""我会说回来了，或者看他一眼，再继续看电视。"

"你觉得这属于哪个层次呢？"笔者问他。"生存层次。"他回答得很利落。"所以，缺少了生活层次的互动，也缺少了生命层次的关怀与分享……"笔者有些遗憾地说道。

"噢！"他恍然大悟，"我知道了，如此看来，我工作上的压力也缘于此。我与客户交往时只停留在生存层次上，所以谈起来感觉很困难，压力也就自然产生了。"

"对！如果不只是为了生存而赚钱，还能为了生活而学习与成长，为了生命而乐于分享，日子就会好过多了。"

其实，活着就是这样，不管你单独活在哪一个层次上，久而久之都会产生焦虑和压力。唯有三者统一，在生存的基础上多点生活的韵味，多点生命的色彩，人生才能尽显其缤纷和绚丽。

笔者从前并不知道世界上有什么困难能击倒一个人，也从来没有为这个问题而做过多的思考，直到有一天面对一个因事业失败而自杀的人时，才开始认真思索：人最大的敌人是谁。

在人的一生中，困难、挫折是不断出现的路障或陷阱，有时令人防不胜防。诸如失恋、失业、无家可归，种种不幸常常让人产生不想活了的念头。难道这些不如意真的严重到危及生命吗？其实不然，仔细想来，人最大的敌人不是困难、挫折，而是自己。

当我们经历了喧嚣，渴望一种平静的状态时，当我们在世俗的激流中被冲洗、打磨得练达、成熟时，我们的心境就会像一片广阔无际的旷野，我们就会恢宏大度。

生命是极美好的，处在逆境中的人却常常忽略了这一点，而那些真正与死神擦肩而过的人却能豁然感悟生活的真谛。

一位老人曾讲述过自己的故事：

> 我年轻的时候也曾因为受到一点挫折而想自杀。一个晴朗的早晨，我趁妻子和孩子仍在熟睡，便悄悄起床，拿了一根绳子来到树林里，走到一棵结实的樱桃树下。我想把绳子挂在树枝上，试了几次也没成功，于是我就爬到了树上。树上挂满了樱桃，我摘了一颗放进嘴里，真甜啊！于是我又摘了一颗。我贪婪地品尝着樱桃的甜美，直到太阳出来了。万丈金光洒在树林里，阳光下的树叶随风摇曳，满眼是细碎的亮点，我第一次发现树林这么美丽。这时有几个准备去上学的小学生来到树下，他们让我摘樱桃给他们吃。我摇动树枝，看他们欢快地在树下捡樱桃，然后蹦蹦跳跳地去上学。看着他们远去的背影，我突然发现，生活原来还有那么多的美好等我去享受，我为什么要早早地离开呢？我收起绳子回家了。从那以后我再也不想自杀了。

他似乎不是在讲述自杀，反倒像是在描述生活的美好。生活的确有很多美好，就看我们是否用心去体会。

一个曾欲放弃生命的人挣脱了死神的召唤后，描述死亡的感觉。他说自己一直在昏迷中，没感觉到痛苦；倒是出院的那天，看到阳光如此明媚，外面的世界如此精彩，小孩子高兴地在广场上放着风筝，那么可爱。他长那么大第一次发现，世界是那样美好。

其实，世界还是那个世界，只是感受世界的那颗心不同了而已。

生命是一列向着一个叫死亡的终点疾驰的火车，沿途有许多美丽的风景值得我们留恋。

我们在平凡中诞生、成长，在没有浮躁和喧哗的地方消亡。我们经历了世间的沧桑，因曾经历或正在经历的困惑而变得坚强和果断，因拥有刻骨铭心的痛苦经历而自豪。我们在失败的苦难中自励，在成功的喜悦中自省。这就是我们能够真正面对现实的缘由。

当我们用坚强武装自己、战胜不幸的时候，我们会发现，自己曾经想结束生命的想法是多么可笑和可怕。没有任何事可以成为我们结束生命的理由，因为生命只有一次。

2 让生命永远年轻

人的生命有多长？谁也不知道。医生只能检查我们的肉体是否健康，却难以预言生命的长度。生、老、病、死是大自然的规律。不论达官显贵，还是平民百姓，不论七尺大汉，还是纤柔女子，自古以来，谁也不能逃脱这条铁的规律。生命的过程或长或短，终归要"质本洁来还洁去"。

人世间最宝贵的是生命，生命对于我们每个人来说只有一次，我们应该用心去呵护它、善待它，让我们有限的生命永远年轻。

那么我们应如何把握生命使它永远年轻呢？

许多人对健康的看法是：只要身体无疾病就是健康。但是，人是一个身体与心理的统一体，因此健康应该指人身体上和心理上都无疾病与异常。有专家通过长期的研究和观察发现，人的健康离不开两个方面的因素：一个是心理因素，包括思想及喜、怒、哀、乐等心理表现；另一个是外部因素，如饮食、运动等。医学表明：不良的心态容易使人衰老，忧虑更是长寿的克星。要克服不良的生活习惯，首先应克服自己的不良心态。在生活中，人的心理状况往往决定着一个人的健康状况与成败。积极的心态会对一个人的健康、生活和工作起到非常重要的作用。

每一位要求健康的人都应克服自己的种种不良的心理因素，如妒忌、暴躁、易怒、悲观、烦闷等；而应始终使自己有良好的心理，如宽容、乐观等。良好的心理因素可驱散疲劳和烦恼，有利于预防和战胜各种疾病。可以说，积极的心态是生命永远年轻的秘方。

我们应该看到，金钱买不到健康、长寿，健全的心理对于任何人来说都是非常重要的。快乐可使人健康、长寿。林肯曾说过："据我观察，人们都是自己想要怎么快乐就能怎么快乐。"事实表明，一个人想要快乐，便去采取各种积极的方式把快乐吸引过去。

纵观历史上一些伟大的人物，他们往往是因为幽默而使事业更辉煌。幽默可调节人的精神状态，可使人保持年轻，可使社会开满愉快的花朵。如果我们学会用孩子的眼光去观看这个世界，那么我们便会永不衰老。如果我们能够以孩子的眼光来看自己，就不会把自己看得太重，那么，我们便学会了适应，我们的内心便会很轻松，我们的生命也会绽放光芒。

3 多读书，用知识武装自己

每一个成功者都喜欢读书。读书可以使一个人明智，可以提高一个人的修养，可以使一个人的目标更明确。一个人若想成功，必须善于运用知识的力量。多读书，就能善于总结经验，根据不断变化的现实预测未来，未雨绸缪，避免那些不必要的牺牲。

知识就是力量。我们可以每天用 10 分钟的时间来读一些书籍，也可以在自修上下功夫，这样做都可以助我们在事业上得到进步。

许多志在成功的人，早期薪水很低，工作很苦，但他们克服了重重困难，利用闲暇时间不断学习以求上进。在他们看来，读书学习、积累知识、要求进步是真正的大事。

求知使我们富有，知识使每个人多了一些成功的机会。零星的努力、小小的进步、日积月累的知识终究会发挥巨大威力。

有的人或许以为利用闲暇时间来读书得不到多大的成效，因而不想在闲暇时间读书。这无疑使一个人的进取精神受阻，就像一个人想成为富翁却认为即使尽力储蓄也不能致富，所以一有钱就尽数挥霍，不屑储蓄。

在日趋激烈的竞争和日益复杂的生存环境中，我们必须以渊博的学识作为甲胄。

我们大多数人的缺点是总希望能轻轻松松就办成大事，但事实不是这样的，成绩是慢慢积累的，因此我们应不断地努力读书，不断地充实自己的知识宝库，从而渐渐扩大知识面。只有这样，我们的知识才会越积越多，力量才会越来越大。

知识的力量是无穷的。我们应该相信自己获取知识的能力。从现在开始立下志向，不断地学习，不断地努力，增加自己的知识，增强自己的能量。

一个没有知识的人想获得成功就像一个想健步如飞的人缺少一条腿一样，总免不了磕磕碰碰。知识源于书籍，每个人会在接触书本的过程中自动培养读书兴趣，并自觉地摄取知识养分。时至今日，几乎每个家庭都有各种各样的书。在古代，家庭藏书是一种奢侈行为，在现代读书已是一种生活需要。多读书、读好书，是一种社会趋势。

青年人在学校应该养成爱读书的习惯，熟悉各门学科的相关知识。我们要学会在图书馆庞大的藏书中挑出最适合自己的书。这样对于人的一生大有裨益。这仿佛是一个人在选择适当的工具来挖掘知识宝库，以利于今后为社会服务，这也是实现我们志向的有效途径。

耶鲁大学的校长海特莱曾经说："各界的人，如商业界或产业界的人都曾告诉我，那些有选择书本的能力且善用书本的大学生是他们最需要、最欢迎的大学生。而这种选择书本、善用书本能力的最初养成最好是在学校。"

穿褴褛的衣服、破旧的鞋子，这都不要紧，要紧的是千万不要在买书上过分节约。如果我们不能为我们的子女提供优质的教育，那么就供给他们必要的书，使他们尽可能掌握更多的知识以改善生活处境。

原哈佛大学校长艾略特说："养成每天读 10 分钟书的习惯。这样每天10 分钟，20 年以后你的知识水平一定有所提高，前提是你得读好书，积累有力量的知识。"

著名心理学博士施瓦特说："只要你每天晚上在临睡前学习 15 分钟，我保证你 1 年之后便会成为我们中的一员。"

所以，我们没有借口可寻，只有不停地向着目标奋斗。我们的志向是通过学习来完成的，不停地学习，无论在学校里还是在学校外。只有这样我们才不虚此行。

我们没有必要为自己已到中年却没有受过很好的教育而灰心。现在学习一点儿都不晚，而且我们身边就有无数的机会。

假使我们真有向上的志愿，那么请记住，我们每天所遇见的每个人都可能给我们知识。假使我们遇见的是一个印刷匠，他能帮助我们获得印刷技术；一个泥瓦匠，他能告诉我们许多我们闻所未闻的东西；即便是一个普通的农夫，在某些方面也可能比我们聪明得多。学习知识最重要的是摆正自己的心态。

从每个可能获取知识的地方努力摄取知识，这是使人知识广博的有效方法。广博的知识可以使我们远离狭隘、鄙陋，使我们的胸襟开阔。这样的人才能够从多方面去"接触人生，领会人生"。

一个真正成功的人，即使每天工作再多也绝不埋怨，并且还能腾出时间来学习。因为他相信知识的力量是无穷的，这也正是他成功的秘诀之一。

我们学了的知识，都会储存在我们的脑海中，成为我们的东西。我们只有用知识武装自己，离远大的目标才会越来越近，离成功才会越来越近，我们才能够取得事业上的辉煌。

4 学会接受失去

人的一生，有得有失，有盈有亏。整个人生就是一个不断地得而复失、失而复得的过程。

在一生中，我们将逐渐地失去年轻，失去健康，失去年少时的轻狂，失去可以把握一切的气势，失去做梦的勇气，其实，也在失去做梦的资本。随着年龄的增加，我们还要面临失去工作，失去身边的朋友、亲人，到最后，我们要失去整个熟悉的世界。因此，我们一定要学会接受失去。

　　一位旅客去旅游，站在船尾观赏两岸景色时，不小心将手提包掉入江中，他当即不假思索地跳入江中捞包。结果他虽然把包抓到了手中，可人再也没有出来。

　　人的一生不可能永久地拥有什么，在我们得到什么的同时，我们其实也在失去什么。所以说人生获得的本身也是一种失去。我们得到了名人的声誉或高贵的权力，同时就失去了做普通人的自由；我们得到了巨额财产，同时就失去了清贫的欢愉；我们得到了事业成功的满足，同时就失去了奋斗的动力。我们每个人如果认真地思考一下自己的得与失就会发现，在得到的过程中也确实不同程度地经历了失去。一个不懂得接受失去的人，是愚蠢可悲的人，会像贪婪的蛇一样累倒在地，爬不起来。

　　俄国伟大诗人普希金在一首诗中写道："一切都是暂时的，一切都会消逝；让失去的变为可爱。"居里夫人的一次"幸运失去"就是很好的说明。1883 年，天真烂漫的玛丽亚（居里夫人）中学毕业后，因家境贫寒没有钱去巴黎上大学，所以只好到一个乡绅家里去当家庭教师。她与乡绅的大儿子卡西密尔相爱，他们计划结婚时却遭到卡西密尔父母的反对。这两位老人深知玛丽亚聪明、品行端正，但是，贫穷的女教师怎么能与自己的儿子相匹配？父亲大发雷霆，母亲几乎晕了过去，卡西密尔屈从了父母的命令。

　　失恋的痛苦折磨着玛丽亚，她曾有过"向尘世告别"的念头。但玛丽亚毕竟不是平凡的女人，她除了个人的爱恋，还爱科学和自己的亲人。于是，她放下个人情感，刻苦自学，并帮助当地贫苦农民的孩子学习。几年后，她又与卡西密尔进行了最后一次谈话，卡西密尔还是那样优柔寡断，她终于砍断了这根爱恋的绳索，去巴黎求学。这一次"幸运的失恋"就是一次失去。如果没有这次失去，她的人生将会是另一种写法，世界上可能因此少了一位伟大的女科学家。

学会接受失去，往往能使人从失去中有所得。得其精髓者，则少些挫折，多些收获；会从幼稚走向成熟，从贪婪走向知足。

对善于享受愉悦心情的人来说，人生的艺术在于进退适时、取舍得当。因为生活本身即是一种悖论：一方面，它让我们依恋生活的馈赠；另一方面，又注定要我们对这些礼物最终抛弃。正如先师们所说：人生在世，紧握着拳而来，平摊两手而去。

执着地对待生活，紧紧地把握生活，但又不能抓得过死而不肯放手。人生这枚硬币的要旨是：我们必须接受失去，学会怎样放手。

生活的这种教诲是不易接受的，尤其是我们年轻的时候，满以为这个世界将会听从我们的指挥，满以为我们全身心地投入所追求的事业一定会成功，而生活往往事与愿违。于是，这一要旨虽是缓慢的，但也确凿无疑地显现出来了。

我们在接受失去中逐渐成长，在失去中经历多样人生。我们来到这个世界上，开始独立的生活；而后要离开父母和充满童年回忆的家庭进入一系列的学校学习；结了婚，有了孩子，等孩子长大了，只能看着他们远走高飞。我们要面临双亲的离去和配偶的亡故；面对自己的精力逐渐地衰退；最后，我们必须面对不可避免的死亡，我们生活中的一切都将化为乌有。

我们为何要臣服于生活的这种自相矛盾的要求呢？明明知道不能将美好永久地保持，可我们为何还要去造就美好的事物？我们知道自己所爱的人早已离去，可为何还要念念不忘？

要解开这个悖论，必须寻求一种更为宽广的视野，透过通往永恒的窗口来审视我们的人生。如此，我们即可醒悟：尽管我们的生命有限，而我们在世界上的作为为之描绘了永恒的图景。

人生是一股奔流不息的河。我们的父母通过我们而延续，我们也通过自己的孩子而延续。我们建造的东西将会被长久留存，我们自身也将通过它们得以长久地存在。我们所造就的美并不会随我们的逝去而泯灭。我们的双手会枯萎，我们的肉体会消亡，然而我们所创造的美好将长久存在。

5 死亡并不可怕

世上的万事万物都有始有终，生是我们的开始，死是我们的结束。我们对死亡应该有新的解释，死亡并不是痛苦的、悲惨的，它并不可怕，有时只是我们难以接受而已。

死亡是生命的最后一个过程，因它的存在，生命才显得更加珍贵。我们不是要挑战死亡，而是要接纳死亡。面对死亡要有一种达观的态度。

庄子的妻子去世了，惠子去吊唁，看到庄子两腿张开，蹲在地上，敲着盆唱歌。

惠子说："你和人家结为伴侣，人家为你生儿育女，身老而死，你不哭也就罢了，竟然敲着盆唱歌，不是太过分了吗？"

庄子说："不对，她刚死的时候我怎么能不难过？可是探究她的开始，本来没有生命。不仅没有生命，而且没有形体。不仅没有形体，而且没有气。混杂在恍恍惚惚之中，变化而产生了气，气变化成了形体，形体变化有了生命，现在又变化因而死亡。这些就好像是春夏秋冬一年四季在运行。人家就要安静地到天地这间大房子里休息了，我却嗷嗷地哭，我自认为这样太不懂得命运，所以止住了哀痛。"

　　列夫·托尔斯泰曾说过："人生唯有面临死亡，才会变得严肃，变得意义深长，真正丰富和快乐。"

　　积极的人认为死亡并不可怕，会把它看作一件好事。

　　一个女人被诊断出患上了绝症，只能活 3 个月了，于是她开始准备自己的后事。她请来了牧师，告诉牧师自己希望牧师在自己的葬礼上吟咏什么韵文，读什么经文，自己想要穿什么衣服下葬。她还要求牧师把自己特别喜爱的《圣经》也葬在自己的身边。一切安排妥当后牧师便准备离开，"还有一件事，"她像突然记起了什么重要的事，兴奋地说，"这很重要，我希望埋葬时我的右手拿着一支餐叉。"

　　牧师站在那儿盯着这个女人，简直不知说什么。"让您吃惊了吧?"女人问。"嗯，说实话，你的要求把我弄糊涂了!"牧师回答。女人解释道："在我参加教友联谊会的这些年里，我总记得每当菜盘被收走时有人必然会俯身对我说：'请把餐叉留着。'我很喜欢这一时刻，知道将要吃到更好吃的东西了，比如巧克力糕或苹果馅饼。那真是太美妙啦!所以我就想让人们看见我躺在棺材里手里拿着餐叉，心里纳闷'用那餐叉做什么'，然后我想请你告诉他们：'请把餐叉留着，下面要上更好吃的东西啦。'"

　　牧师于是和这个女人拥抱告别，眼里涌出欢乐的泪水。他知道这是她临终前他们之间的最后一面。不过他也知道这个女人比他更理解天堂的含义，她明白更加美好的东西即将来临。这是一个女人面临死亡时的态度，她把死亡看作等待她的"一件更好的事"。于是，她欣然地接受了死亡。

　　生老病死是生命的必然规律。既然死亡无法避免，那么就让我们勇敢地面对死亡吧，永远不要害怕面对它。很多人惧怕死亡，事实上他们也从来没有真正痛快地生活过。我们只能对这样的人表示同情，这些人不了解死亡的存在使我们更懂得珍惜生命、享受人生。我们不妨学习一下那位乐观的女士，勇敢地面对死亡，永远不要逃避它，也许最好的东西就要来到了。

6 生活需要分享

一位犹太教的长老酷爱打高尔夫球。

在一个安息日，他觉得手痒痒，很想去挥杆，但犹太教教义规定，信徒在安息日必须休息，不随自己的私意，不说自己的私话，不做自己的私事。

这位长老却终于忍不住了，决定偷偷去高尔夫球场，想着打 9 个洞就行。由于安息日犹太教教徒都不出门，球场上一个人也没有，因此长老觉得不会有人知道他违反了规定。

然而，当长老打第 2 个洞时被天使发现了。天使生气地到上帝面前告状，说长老不守教义规定，居然在安息日出门打高尔夫球。上帝听了，就跟天使说会好好惩罚这个长老。

从第 3 个洞开始，长老打出完美的成绩，每次都是一杆进洞，长老莫名兴奋。当他打到第 7 个洞时，天使又跑去找上帝，抱怨道："上帝，你不是要惩罚长老吗？为何还不惩罚？"上帝说："我已经在惩罚他了。"

直到打完第 9 个洞，长老都是一杆进洞。因为打得神乎其神，所以长老决定再打 9 个洞。天使又去质问上帝："到底惩罚在哪里？"上帝只是笑而不答。

打完 18 个洞，他的成绩比任何一位世界级的高尔夫球手都优秀，这把长老乐坏了。天使很生气地问上帝："这就是你对长老的惩罚吗？"

　　上帝说："正是，你想想，他有这么惊人的成绩以及兴奋的心情，却不能跟任何人说，这不是最好的惩罚吗？"

　　生活需要分享，快乐和痛苦都需要与人分享。没有人来与我们分享，无论我们面对的是快乐还是痛苦，对我们来说都是一种惩罚。

　　很久以前，有一群挑战沙漠的人来到撒哈拉大沙漠，时间一天天地过去了，最终留下了两个人、一瓶水和一块饼。

　　第一个版本的结局是在两个人又累又渴的时候，他们决定吃掉仅存的食物、喝掉仅存的水，完成最后1天的路程。但当他们把食物与水拿出来后，他们开始疯狂地抢夺，凭借仅剩的体力为了将一瓶水一块饼据为己有而大打出手，结果是一个人抢到了那瓶水，另一个人抢到了那块饼。但是最终喝水的人饿死了，吃饼的人渴死了。黄沙弥漫，掩埋了两具不为人知的尸体。

　　第二个版本的结局是两个人在饥渴交加的时候，最终决定将饼瓣开吃，一瓶水分着喝，最终两人共同完成了这段沙漠之行。黄沙飘飞，在他们背后显得那样无力。他们引人注目，迎来了鲜花、掌声和荣耀。

　　大多数人会更喜欢第二种结局吧。但如果自己碰上了这种情况，又会怎样？其实造物主有时就像一个作家，往往给世人安排不同的结局，有如那沙漠中的两位探险者，选择自私就等于选择了死亡，而选择分享则相当于选择了生存，收获更多。

　　当然，生活中的许多事并没有死亡那么可怕，一个人拥有一颗懂得分享的心是很重要的。不管是在亲人朋友面前还是在陌生人面前，其实，分享并不意味着失去；相反，它会让我们收获更多。要记住：

分享是一种快乐，得到的是别人，收获的是自己；

分享是一种幸福，享受的是别人，领悟的是自己；

分享是一种机会，抓住的是别人，幸运的是自己。

7 逝去才懂得向前

如果说，生命是一个完美的圆圈，那么亲人、亲情将是这圆圈上不可或缺的一段。如果说，生命是列车，那么父亲、母亲就是那最初伴着我们旅行的人。然而，随着生命列车的一次次进站，车上的乘客也将不断地变换——有些人上了车，有些人下了车。也许在某一站，我们的父母也会突然结束他们的旅行，或伤感，或安然地走下车去，留下我们一个人继续旅行。

痛失我们所爱的亲人是最痛苦的事情。我们会为此痛苦，心绪混乱，我们为所爱之人的逝去而流泪、心碎，无法改变的分离会让我们深陷痛苦的泥沼无法自拔。我们会悲伤，会难过，我们懊悔自己的心里话没能及时说给他们听，自己能为他们做的也没有及时做到。我们想挽留他们，却发现此时的自己是那么无能和无奈！

此时，我们是痛苦的。但逝去的终究逝去了，留下了孤独的我们无比伤心。我们悲伤、绝望，可是一切过后，我们还是要生活的，要好好地生活，因为爱我们的人不希望我们因为他们的逝去而痛苦。

有一首手语歌叫《感恩的心》，这首歌的背后有一个感人的故事。

有一个天生失语的小女孩，她的爸爸在她很小的时候就去世了，她和妈妈相依为命。妈妈每天很早就出去工作，很晚才回家。每到日落时分，小女孩就站在家门口，充满期待地望着门前的那条路，等妈妈回家。妈妈回来的时候是她一天中最快乐的时刻，因为妈妈每天都要给她带一块年糕。在她们贫穷的家里，一块小小的年糕都是无上的美味啊。

有一天，下着很大的雨，已经过了晚饭时间了，妈妈却还没有回来。小女孩站在家门口望啊望啊，总也等不到妈妈的身影。天，越来越黑，雨，越下越大，小女孩决定顺着妈妈每天回来的路去找妈妈。她走啊走啊，走了很远，终于在路边看见了倒在地上的妈妈。她使劲摇着妈妈的身体，妈妈却没有苏醒。她以为妈妈太累睡着了，就把妈妈的头枕在自己的腿上，想让妈妈睡得舒服一点。但是这时她发现，妈妈的眼睛没有闭上！小女孩突然明白了：妈妈可能已经死了。她感到恐惧，拉过妈妈的手使劲摇晃，却发现妈妈的手里还紧紧地攥着一块年糕。她拼命地哭着，却发不出一点声音……

雨一直在下，小女孩哭了多久。她知道妈妈再也不会醒来了，现在就只剩下自己了。妈妈的眼睛为什么不闭上呢？是因为不放心她吗？她突然明白了自己该怎样做。于是她擦干眼泪，决定用自己的方式来告诉妈妈自己一定会好好地活着，让妈妈放心地走……

小女孩就在雨中一遍一遍地用手语"唱"着这首《感恩的心》，泪水和雨水混在一起，从她小小的却写满坚强的脸上滑过……"感恩的心，感谢有你，伴我一生，让我有勇气做我自己……感恩的心，感谢命运，花开花落，我一样会珍惜……"她就这样站在雨中不停地"唱"着，一直到妈妈的眼睛终于闭上……

小女孩的故事感动了很多人，这首《感恩的心》也从此传播开来。因为我们爱我们的亲人，所以我们会因他们的离去而悲伤；而我们的亲人爱我们，所以他们希望我们忘记悲伤，好好地活着。

第二次世界大战期间，美国一位名叫伊丽莎白·康黎的女士在庆祝盟军于北非获胜的那一天收到了国防部的一份电报，她亲爱的侄子，她在世间的唯一的亲人死在战场上了。一时间，她无法接受这个事实，在此之前，她的侄子一直是她生活中的希望和快乐的源泉。这个打击让她决定放弃待遇优厚的工作，远离家乡，避世生活。

就在她清理东西准备辞职的时候，忽然发现了一封早年的信，那是侄子在她的母亲去世时写给她的慰问信。信中这样写道："我知道你会撑过去，我永远不会忘记你曾教导我的'不论在哪里，都要勇敢地面对生活'。我永远记着你的微笑，像男子汉那样能够承受一切的微笑。"康黎把这封信读了一遍又一遍，觉得侄子似乎就在身边，正用炽热的眼神望着自己说："你为什么不照你教导我的去做呢？"

康黎因此打消了辞职的念头，她不再生活在痛苦的回忆中，而是一再对自己说："我应该把悲痛藏在微笑下面，因为事情已经这样了，我没有能力改变它，但我有能力继续生活下去。"

从此，康黎发奋地工作，并积极参加了慰问前方士兵的组织，给他们写出了一封封信件，寄去后方人民的思念和关爱。

亲人逝去后，我们可以悲伤，可以难过，但等一切过去后我们要背负起逝者的希望，继续向前。

《东方体育日报》曾发表过这样一篇报道：当地时间周六早上，热队的主帅帕特·莱利照例主持球队的投篮训练，然而就在不到24小时之前，他刚刚获悉自己96岁的老母亲玛丽在纽约去世了。"毫无疑问，昨天对我是个沉重的打击。"莱利说道，"但我要继续向前，这不会将我击垮。"

值得安慰的是，在周六晚上热队季后赛的首场比赛中，球队最终以

111：106 战胜了芝加哥公牛队。尽管热队当时还没有宣布莱利是否会离开球队去参加母亲的守灵和葬礼，但预计莱利将依旧执掌球队进行周一季后赛第一轮的第二场比赛。"母亲一直对我说'生活还要继续'。"莱利说道，"她不断地向她的孩子们重复这句话，这是她想看到的，所以我们必须坚强，继续向前。"

失去亲人无疑是令人痛苦的，它是我们生命历程中的情感方面的灾难。失去亲人后，我们的旅程、我们的生活依然要继续，为了爱，为了亲情而继续，为了亲人的希望能在我们的行动中得到延续而继续！

生命就像一辆列车，它载着我们走过一程又一程。随着列车的一次次进站，我们或与上车的人挥手同行，或与下车的人挥手告别，最终我们将抵达自己的目的地。

8 今天最珍贵

今天是人类有史以来最值得骄傲的时代之一，它包藏着过去各个时代的成功、进步的全部，今天的电、声、光等种种科学的发明与应用已把人类从过去简陋的物质环境中拯救出来，把人类从过去的令人不安与束缚人的环境中解放出来。今天，一个平常人所享有的舒适的生活环境与生活条件，超过以往世纪的帝王将相的环境与条件。但是，今天依然有很多人怀旧，感慨自己生不逢时，认为过去的时代才是黄金时代。

我们不应生活在对昨天的怀念或对明天的向往中，而应生活在今天的世界中。我们必须知道今世为何世，今天为何日。然而，在参与现实生活的活动与实践时，人们常常将精力耗费在怀念过去与幻想未来中。

我们生活于现实中，应该充分利用现在，不应枉费心神追忆过去，追悔过去所犯的错误，也不应幻想未来，这样，我们才会走向成功。

不要因为对未来计划的憧憬而虚度、浪费现在。不要因为注视着天上的星光，而看不见我们周围的美景，甚或践踏了我们脚下的玫瑰。

享受我们现在所拥有的安乐、幸福，不要幻想不可期的汽车、豪宅；享受我们今年所拥有的衣服食物，不要妄想明年的不可期的锦衣玉食。

我们要下定决心，努力改善自己，让自己充分享受今天的快乐，这样我们的身上就会爆发出热情，就会努力工作、享受生活。

请记住，不要过度地把精力集中于憧憬明天，不要过度沉迷于向往将来。我们如果失去了今天，就丧失了今天所拥有的欢愉和幸福，也就失去了未来可能拥有的各种机会。

请将我们的全部精力倾注在现实中。假如在今天我们只能取得 1% 的幸福，我们不必奢望从明日起就获得 99% 的幸福。

我们必须努力把握好今天，只有把握好今天，才能拥有美好的明天。

我们不要让自己过分沉浸于预期或幻想的未来生活中，因为过分地幻想，会使我们忽视今天，会使正在进行的今天的生活变得枯燥乏味。预期、幻想，虽然可以刺激我们向往未来，刺激我们更努力地做事；但是，过度地幻想会让我们失去今天的乐趣，破坏我们享受现在的能力。

幸福是一种积累，是由无数个今天堆积而成的。幸福的事物也只有当日才能享有。

有些人只看到明天的价值，而看不见今天的价值。人们普遍有这种心理，就是想脱离现有的不愉快，抱怨自己的职务低，嫌弃自己的社会地位低等。他们不在现实中寻找快乐，而是憧憬未来的快乐与幸福。其实，这是错误的。试问，谁可以担保，只要脱离了现有的位置，就可以得到幸福；谁可以担保，今天不笑的人，明天一定会笑。

丹麦哥本哈根大学有一个学生叫乔根，一年暑假，他去华盛顿观光。乔根到达华盛顿时，在魏拉德旅馆登了记，他在那里的账早已经有人给预付了，这使他高兴到了极点。可是，当他准备就寝时发现钱包不见了。钱包里装有护照和现金。他跑到楼下的旅馆柜台，向经理说明了情况。"我们尽一切努力帮助你。"经理说。

第二天早晨钱包仍下落不明。乔根的衣袋里只有不到 2 美元的零钱。现在，他孑然一身，飘零异邦，怎么办呢？打电报给芝加哥的朋友，告诉他们所发生的事吗？到警察总局坐等消息吗？突然间，他说："不！我不愿做任何无意义的事情！我要参观华盛顿。我可能再也不会到这儿来了。我在这个伟大国家的首都只能待上宝贵的 1 天。毕竟，我还有去芝加哥的机票，还有许多时间解决现金和护照问题。如果我现在不去参观华盛顿，我就不会再有这样的机会了。"

"现在应当是很愉快的时候。"

"现在的我和昨天失去钱包前的我应是同一个人。那时我很愉快。"

"我应该愉快地过好今天。"

于是，他步行出发了。他看到了白宫和国会大厦，参观了一些恢宏的博物馆，他爬上了华盛顿纪念碑的顶端。虽然不能到华盛顿郊区以及他计划中的其他地方去，但凡是他到过的地方，他都看得很仔细，他度过了美好的一天。

回到丹麦后，他回忆起这段旅程时很开心。因为他觉得，他没有因为钱包被偷而沮丧，而失去一天的美好时光。在他回国的 5 天后，华盛顿警察局帮他找回了钱包，物归原主。

假如我们能够像乔根那样明白只有今天才是真实的，彻悟昨天、今天和明天的关系，我们就不会沉浸于痛苦中不能自拔了，我们就会把握好今天，把昨天看成今天的经验、借鉴，把明天看作今天努力的收获。这样，我们的人生就充满鲜花，我们就会愉快地过好每一个今天。

9 不必为生活中的遗憾而耿耿于怀

英年早逝的著名文学家路遥曾说：所有人的生命历程在人类历史的长河中都是一个小小的段落，因此，每一代人都有自己命中注定的遗憾。笔者咀嚼这句话良久，总想品出话中"遗憾"的真正含义。笔者读完他的呕心沥血之作《平凡的世界》后才领悟到，遗憾的确是不可避免的，但"只要我们真诚而充满激情地在这个世界生活过，并不计代价地将自己的血汗献给了不死的人类之树，我们就能自慰！"

人们总想在平缓的历史长河之外疏浚出旁支，岂料这条旁支折道而行，历史在某个关键隘口旋作一个巨大的感叹号。这便是"遗憾"了。

没有遗憾就没有悲壮，没有悲壮就没有崇高。雪峰是伟大的，因为那里埋着登山者的遗体；峡谷是伟大的，因为有探险者的墓志铭；大海是伟大的，因为漂浮着樯橹的残骸；人生是伟大的，因为有无可奈何的失落。屈原选择了遗憾，杜甫选择了遗憾，孔尚任选择了遗憾，曹雪芹选择了遗憾，鲁迅也选择了遗憾。遗憾不需要遮盖，遗憾没必要忌讳，我们之所以平庸，是因为我们有太多的忌讳。

据说理想主义者是思想者中的异类，他们是不敢回忆的群体，这个世界对他们而言好像天天都在倾塌。而"遗憾"无时无刻不在这种精神演变中充当"膨胀的雪球"。哲学家第欧根尼在探讨人生意义时充满了悲观色彩。在他看来，无数的不尽如人意催生了人的意志，当人类学会向更高的精神层次企望时，残酷的现实又一次打击了人类，所以，人类永远奔驰在轮回的悲剧中，一路扬着朝圣之旗。

许多人，包括许多非常伟大的人，在其暮年谈起自己的一生时，总以遗憾的叹息收尾。这叹息悠远不绝，给人提供了破读历史的可能。

的确，在人生"这个小小的段落"中，无论是凡人或伟人，无论是智者或凡人，无论是官运亨通者或时运不济者，都不可避免地会遇到遗憾事情。遗憾在生命的历程中，使人类无法完美。

笔者有位中学同学，命运之神和她开了一个又一个"玩笑"，在屡战屡败的高考路途中，嘲笑、讥讽几乎要扼杀了她。然而，七个春秋的凝神静气和永不退缩的坚毅勇气，终于使她实现了自己的愿望。蓦然回首，她虽然因浪费了年少时光而遗憾，但更多的是喜悦。她说："在我所经历的岁月中，最值得珍视、值得记忆的是中学那段叫人痛心又叫人不知痛苦为何物的时光。"

人生的遗憾构成了人生的美好，这正如一个高明的篆刻家，在刻成一枚印章后，却刻意敲击印章，以求得一份残缺。或许残缺美才是美学中的最高境界。

人生终会有许多憾事，有的能补救，有的永远无法追补。世间万物没有完美的，因为完美本身就是一种缺憾。因此，不必为生活中的遗憾而耿耿于怀，遗憾于"失去"，将看不见"得到"。永远留着一份宁静给心灵，留着一份从容给脚步；永远留着一份信念给生活，留着一份热情给追求；永远留着一份希望给明天，留着一份无悔给人生！敢爱敢恨，敢于直面真实的人生，做真正潇洒的人。